广义色彩系列丛书

夜城市色彩
塑造一城双面

王京红　著

中国建筑工业出版社

图书在版编目（CIP）数据

夜城市色彩：塑造一城双面／王京红著．— 北京：中国
建筑工业出版社，2019.6
（广义色彩系列丛书）
ISBN 978-7-112-23515-5

Ⅰ. ①夜… Ⅱ. ①王… Ⅲ. ①城市景观-照明设计
Ⅳ. ① TU113.6

中国版本图书馆 CIP 数据核字（2019）第 053620 号

本书的研究工作得到中央美术学院视觉艺术高精尖创新中心支持。

责任编辑：吴 佳 唐 旭
责任校对：赵 颖

广义色彩系列丛书

夜城市色彩 塑造一城双面

王京红 著

*

中国建筑工业出版社出版、发行（北京海淀三里河路9号）
各地新华书店、建筑书店经销
北京建筑工业印刷厂制版
北京富诚彩色印刷有限公司印刷

*

开本：880×1230毫米 1/32 印张：8⅜ 插页：1 字数：224千字
2019年8月第一版 2019年8月第一次印刷
定价：**69.00**元
ISBN 978-7-112-23515-5
（33776）

序 1

城市，这个巨大的生命体有着复杂的色彩秩序。其形成的城市色彩，像空气一样浸泡着人，每时每刻影响着人，也表述着不同的城市精神。因此，对城市色彩这个领域的探索和研究是很有意义的。昼间的城市色彩首先来自天光、土壤、植被等自然的规定性，人只能在顺应的前提下小心添改。而夜晚的城市色彩却能由人主宰，成为塑造城市另一种精神的有效手段。从色彩的角度研究夜间城市面貌是崭新的，具有鲜明的跨界特征，必须将视觉艺术和照明科技的现有成果整合，输出新的规律。在工程技术出身的照明领域，此类研究几乎是填补空白。跨界研究是中央美术学院视觉艺术高精尖创新中心大力倡导的，我们很高兴看到王京红研究员的这本专著成果。

这本书的价值所在是其做了科技与艺术融合的大胆尝试，具有多个创新点。作者把光度学、色度学的研究成果从设计应用的维度进行了整理，得出比较简明的规律。比如，归纳色貌学研究的结论，定义不同单色光的特征，"特立独行、浓艳微妙的蓝光"，"既亮且艳的红光"等。在对世界上69个城市和地区的夜景大数据分析基础上，作者提出夜城市色彩类型的概念，认为从宏观层面，不同城市的夜色彩具有不同的色调，显示出不同的文化性格。好的夜景观应符合绘画的规律，作者从画面的构图、色彩、层次角度分析了多个成功与失败的案例，对设计实践有直接的指导意义。为使研究落地，作者借鉴了舞台美术、装置艺术、古典园林、音乐等不同艺术形式，提出一系列设计手法。比如，从中国画的皴法获得灵感，提出"在似与不似之间"的山体照明方法。在媒体建筑的章节，用"媒体建筑五线谱"分析灯光秀，值得有关动态内容设计做借鉴。

当前，智慧城市、媒体建筑等科技与城市、建筑相结合的新事物在蓬勃发展，需要更多跨界研究做支撑。王京红博士作为中央美院高精尖中心大数据与智慧城市实验室的研究员，本书是实验室总体研究的有机组成部分。

常志刚　教授、博导
中央美术学院视觉艺术高精尖创新中心常务副主任

序　2

城市夜景的规模化建设在我们国家差不多也有近30年的历史了，这期间的城市夜景，从照明方式到表现手法，从照明效果呈现到受众的审美认知，乃至夜景与城市生活的关系或者对重大活动的配合等，都产生了非常大的变化，在20世纪90年代，夜景照明比较普遍的做法是白色光的泛光照明，因为泛光照明手法有很强的表现力，白光泛光照明能非常有效地表现建筑或其他被照明景观对象的形体姿态和表面细节。优秀的白光照明建筑夜景，通过光线恰当的刻画调度，能让建筑的外在形象及其所承载的内在精神和形态意韵得到很好的弘扬，从而使建筑夜景能散发出令人经久品味的魅力。

随着LED技术的发展和逐渐成熟，城市夜景中彩色光的使用也逐渐增多，特别是近些年，随着媒体立面等照明方法的推广、灯光秀以及文旅夜游等含有表演性内容活动的兴起，彩色光夜景更是受到了热烈的追捧并被广泛地使用。

其实，目前国内照明领域色彩设计水平的孱弱还难以支撑城市夜景建设快速发展的需求，因此也导致了很多夜景工程项目中出现了色彩使用失当问题，诸如，夜景形象扭曲或异化建筑本来的形态、彩色光夜景氛围与环境性质不符、彩色光干扰等弊端。应该说，彩色光是夜景设计中的一种重要手段，彩色光表达的信息内容量要远远大于白光，彩色光有着夸张的表现力和强烈的视觉诱目性，还有极强的感情色彩，能在场所中营造强烈的情感氛围，也能赋予被照明对象鲜明的艺术气质。但是，彩色光夜景对象的外在形象解读及其所包含的的光语内涵是比较难于把控的事情，所以，要把彩色光设计做得恰到好处的确不容易，需要设计者具有很高的艺术造诣和色彩把控能力，同时还要有城市规划、建筑设计、灯光照明等方面的专业素养。所以，关于彩色光夜景的设计是值得深入探讨研究的工作。

　　鉴于目前照明领域色彩设计水准的参差，需要通过广泛系统的色彩教育来提升设计者的水平和素质，才有可能更好地服务于夜景设计。王京红老师的这本《夜城市色彩：塑造一城双面》专著，通过对百余个来自建筑、园林、戏剧、绘画、装置艺术等领域案例进行美学评价和理性的专业分析，探讨了彩色光夜景的美学特征和构建规律，提出了彩色光夜景设计的规则和方法，为城市夜景规划设计中的彩色光使用和色彩效果设计提供了非常有价值的参考，同时，对于希望了解或学习彩色光照明设计的专业设计人员或高校学生而言，它也是一本颇为有益的设计参考书籍。

李铁楠

中国建筑科学研究院　研究员

中国照明学会照明设计师委员会　主任

前　言

　　本书是和我的第三本《五色涟漪：明清北京城市色彩》一起进入出版程序的。在和编辑商讨的过程中，她提出是否可以做个丛书，令我脑洞大开。色彩领域的专著并不多，且多散落在各个领域。但是，色彩的粉丝众多。在我的教学和实践过程中，经常被问及，是否有好的色彩书籍推荐。看来，做个纳入各种色彩真知的系列丛书实在必要。

　　广义色彩的概念是在我的学习和研究中逐渐形成的。"色彩"一直以来都被定义为物体表面的性质之一，这么狭小的范围是否值得研究、怎样研究，是我始终思考的问题。更重要的是，色彩的问题不能单独讨论，比如不能脱离材料、质感、面积、距离等客观因素，更不能脱离人的主观感知。因此，我修正了伊顿的说法"光是色之母"，提出"人是色之母，光是色之父"。这种整体性思维来自中国传统文化。自古以来，中国人言说色彩从不只是色彩，用"广义"来形容最为恰当。

　　在我的第一本书《城市色彩：表述城市精神》中定义了广义色彩，它是所有看到的以及由此想到的存在。广义色彩建立了一个大色彩观。"色彩"从二维的、物体表面的一种性质，扩展到三维、四维的天地之间；从物质的视觉表达，上升到精神的意义隐喻。可以说，广义色彩是源自天地、关照人心的；它的内涵深刻、外延宽广。因此，这个丛书具有很好的开放性，将荟萃各路精英，展示他们的研究成果。

　　本书是《城市色彩：表述城市精神》的姊妹篇。《城市色彩：表述城市精神》由我的博士论文改编而成，出版后得到多方关注，获得 2013/14 年度中国色彩教育奖。导师张宝玮先生建议我再出一本有关夜间城市色彩的书。他提出，一城可以是双面的，并嘱咐需有关于媒体建筑的内容。我在照明方面的积累不多，以城市色彩的视角讨论夜间城市面貌更是跨界的新维度，因此这本书的写作困难很多，进展不快。事物的发展总有些必然规律，科研也不过如此，总是渐入佳境。当完成最后一章"媒体建筑"时，才彻悟先生的高瞻远瞩。城市景观照明行业正迎来新一轮的大发展，本书的出版恰逢其时。

为与黑夜抗争，人类一直在努力。从白炽灯、卤钨灯到气体放电灯、LED 等固态光源，再到各种灯具的研发，人们始终在模拟日光，获得日光光谱的白光，达到日光照射的效果。渐渐地，城市不但能被照亮，而且通过控制照度、亮度、亮度比、色温、显色指数等参数，城市日间的景象也能被再现出来。

科技的发展如浪潮，其革命性不断将既有成果淹没，只有真、善、美不会随波而去。科技出身的城市照明，发展的终极目标是美，是超越外在的美。照明工具的节能、环保、光效、寿命等问题正在逐步解决，全彩变色已被 LED 实现，轻薄柔软、易造型的 OLED 必将模糊光源与灯具的界限，不再受各类控光器件束缚。2015 年前后，随着 LED 技术的进一步成熟和市场化，在大型国际会议的促动下，我国的媒体建筑、媒体建筑群出现了。建筑、建筑群、甚至整个城市物质容器不再是被照亮，而是主动发光并与人互动。在宏大尺度的城市戏剧中，它们不再是背景，而是主角。显然，加速度发展的科技几乎能实现任何想之所想，推出更多闻之未闻。那么，重要的事只剩下一件，即如何运用这些伟大的科技成果塑造夜间城市，使之呈现美于白天的另一种面貌，进而表述另一种城市精神。夜城市色彩便是最有效的手段。因为它联系着物质与精神，有能力塑造出美的、超越外在美的城市面貌。城市色彩有昼、夜之别，但都是广义色彩的一种，都是所有眼睛看到的和由此想到的存在，都可以通过选材定色、铺光染色来传递意义、表达情感。只有那些符合规律的城市色彩，才具有较高的审美价值和艺术水准，才能塑造美的城市，表述美好的城市精神。这就需要摸索规律，弥合艺术与技术的鸿沟，本书就是这样的尝试。

本书的语言试图结合科技的严谨定量与艺术的感受定性，努力表达这样的信息，即给人良好体验的夜城市色彩如何以科技的照明手段实现；如何通过规划夜城市色彩，塑造双面的城市。光度学、色度学的研究都有 100 多年的历史，它们始终生长于科技的沃土，在人造光源、灯具的研发，工业化产品的质量控制，以及各种媒介色彩的精准再现等方面做出很大贡献。其实，科学家们的实验结果，特别是近当代的色貌研究成果，与艺术家们的感知是殊途同归的。只不过前者用专业术语、符号、公式来表达；后者以人类本能的眼睛来观察罢了。定量与定性也是相对的，根本上都是基于事实的主观判断。数学公式并不是客观世界的真实表达，它剥离了复杂的现实因素，是在各种假设前提下呈现的一般规律。可见，科学的真理性也是相对的。当代的最新研究甚至提出，主观是客观的基础。从这个意义上，科学与艺术本是一体，并没有所谓鸿沟。只是学科的条块分割太细碎，人们的思维被局限了。

本书有 109 个案例，来自绘画、装置艺术、戏剧、园林、建筑、规划等诸多有趣的领域，它们从各个角度提供了新的思路。城市面貌本是多元因素汇聚的结果，夜城市色彩是这个结果的视觉呈现，因而必然是诸多跨界规律的整合。

人的局限性是很大的，本书定有诸多不妥之处，希望听到读者朋友们的质疑，与大家讨论。

目录

第 1 章

基本问题：光度学、色度学、人

　　光、色、人不可分，但科学研究总是分而治之。我们不妨先分开看待，再合而为一。近代对光、色的研究已有 100 多年的历史，从国际照明委员会 CIE（Commission Internationale de l'Eclairage）的发展历程可见一斑。早在 1900 年就成立了国际光度委员会（International Photometric Commission；IPC），1913 年改为现名[①]。最先开始的光度学是对可见光波段 380 ～ 780nm 内，考虑到人眼的主观因素后的计量学科[②]，已积累了大量成果，在当代照明行业中发挥着巨大作用。随后开展的色度学研究，主要分为三个阶段。第一阶段为色匹配阶段。人们将红（R）、绿（G）、蓝（B）三种原色光以不同比例混合，匹配出白光和各种彩色光。"当三原色光的相对亮度比例为 1.0000 ： 4.5907 ： 0.0601 时，就能匹配出等能白光。"[③]在某些匹配实验中，需要将一定比例的红色光加入参考光内（图 1-1），才能使测试光和参考光匹配一致。因此，色匹配函数 R 出现了负值（图 1-2）。负值使得计算变得复杂，于是人们进行了数学转换，提出了理论上的三原色（也称三基色）

---

① 百度百科
② 周太明等．照明设计：从传统光源到 LED[M]．上海：复旦大学出版社，2015：1
③ 周太明等．照明设计：从传统光源到 LED[M]．上海：复旦大学出版社，2015：25

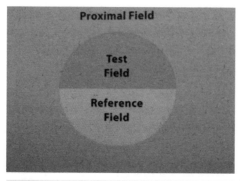

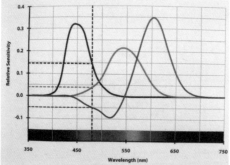

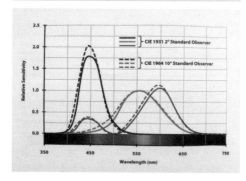

图 1-1

图 1-2

图 1-3

图 1-1　混光实验（图片来源：The Lighting Handbook, Tenth Edition. Illuminating Engineering Society of North America, 2011）

图 1-2　光谱三刺激值曲线，红色出现负值（图片来源：The Lighting Handbook, Tenth Edition. Illuminating Engineering Society of North America, 2011）

图 1-3　XYZ 2°和 10°色彩匹配函数（图片来源：The Lighting Handbook, Tenth Edition. Illuminating Engineering Society of North America, 2011）

XYZ。1931年CIE发布了XYZ 2°和10°色彩匹配函数（图1-3）。在此基础上，对XYZ做进一步数学转换，CIE1931 2° x,y色品图诞生了（图1-4）。这是CIE色彩表述系统大家族中最经典的内容，虽然年代久远，局限性明显，但仍在当代发挥作用。CIE1931 2° x,y色品图是个二维的色彩标尺（Chromaticity Scale），x轴表示理论基色红色X在三基色总量中所占比例，y轴表示理论基色绿色Y在三基色总量中的比例。x、y、z的总和是1，于是知道x、y值，就能得出理论基色蓝色Z的比例值。以公式表达如下：

x=X/X+Y+Z

y=Y/X+Y+Z

z=Z/X+Y+Z

x+y+z=1

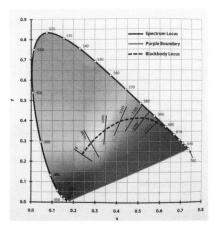

图 1-4　CIE1931 2 ° x,y 色品图（图片来源：The Lighting Handbook, Tenth Edition. Illuminating Engineering Society of North America, 2011）

在此色品图中，x坐标值较大的在红色区域，y坐标值较大的在绿色区域，x、y坐标都小的在蓝色区域。马蹄形的曲线边界称作光谱轨迹，色品坐标位于其上的是380～780nm之间饱和度最高的单色光。连接光谱轨迹两端的直线称作紫色边界，色品坐标位于其上的是由深红和深蓝混合而成的、饱和度最高的紫色[①]。

CIE 1931 色品图的最大缺陷是图上不同部分的距离差与视觉感知的色差不同。于是，色度学研究的第二个阶段拉开帷幕。1942年，麦克亚当（Macadam）发表了关于人的视觉宽容量的论文，至今仍是色差计算和测量方面的基本著作[②]。"麦克亚当等人的研究表明，在 x-y 色品图的不同位置上，颜色的宽容量不同。[③]"（图 1-5）。

工业的发展需要规范化，明确的色差公式要建立在均匀色空间之上。基于以往的工作，CIE1960 年采纳了均匀色标尺图 UCS（Uniform-Chromaticity Scale diagram），并于 1976 年修订（图 1-6）。我们注意到，从 CIE1931 到 CIE 1976 色品图都是二维的，只有色相和饱和度的信息，不包括亮度（Luminance）。研究进一步推进，人们把亮度信息加入，CIELAB 和 CIELUV 三维色彩空间产生了，它们分别用来计算物体和光源的色差。

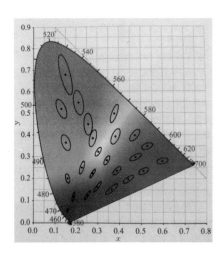

图 1-5　麦克亚当椭圆（放大了 10 倍）（图片来源：照明设计：从传统光源到 LED .）

---

① Illuminating Engineering Society. The Lighting Handbook, Tenth Edition. Illuminating Engineering Society of North America, 2011: 6.14

② 周太明等. 照明设计：从传统光源到 LED[M]. 上海：复旦大学出版社，2015：26

③ 周太明等. 照明设计：从传统光源到 LED[M]. 上海：复旦大学出版社，2015：27

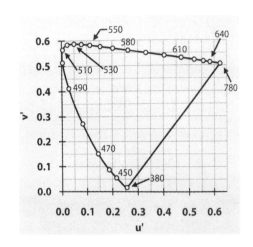

图 1-6 CIE1976 UCS 色品图（图片来源：The Lighting Handbook, Tenth Edition. Illuminating Engineering Society of North America, 2011）

色度学发展的第三个阶段，即现代色度学，以研究色貌模型为核心。经过一个世纪的探究，人们发现色彩的问题似乎越来越复杂，物理量三刺激值不是决定色彩感知的充分必要条件。照明光源条件、周围环境特点、样本尺寸、样本形状、样本表面特性、观察视场等能定量的物理特征，观察者经验、心情等无法定量的心理属性，都会影响色彩感知的结果，这就是色貌现象。科学家们把各方面的关键要素提取出来作为参数，建构数学模型，进行量化计算，这便是色貌模型研究了。本书无意详细介绍各种色貌模型，而是关切现有的研究成果如何用在规划设计实践中，以获得好的夜城市色彩效果。在开始夜城市色彩的研究之前，本章先从人感知的效果出发探讨一些基本问题。

1.1 光度学

1.1.1 基本术语

没有光就没有色。夜城市色彩的首要基本问题是光，包括光源发射光和物体反射光、透射光等。光度学以光为研究对象，从科学角度，以测量、计算的方式获得定量的结论，构建了照明领域的理论基础。为严谨地阐释理论，光度学使用了大量的专业术语，且一般用数学公式表达。本书的重点在于规划设计的效果，不在精确计算，因此尝试用简洁的文字来揭示这些基本术语的本质及其联系。

（1）光谱：所有照明的问题都可以归结到光谱，夜城市色彩的问题也最终聚焦在光谱这个概念上。可以说，用光谱来讨论是溯源到了根本。因为光是色之父，没有可见光范围的电磁波射入人眼，就没有视觉感知的色彩。加法混色、减法混色的区别只在光源发出的光与物体反射、透射的光，它们都是一种电磁波。

《现代汉语词典》中，光谱的定义为"复色光通过棱镜或光栅后，分解成的单色光按波长大小排成的光带。"[①]（下文中的"光谱"特指可见光波段的光谱）光谱显现光的能量分布。它把光度学、色度学的计量结果统一起来，能全面解释视觉感知色彩的所有特性——明度、色相、纯度，只是需要转换一种语言。光谱包围的面积越大能量就越大，光越明亮，感知的色彩明度就越高。在亮度不变的情况下，波长决定色相，复色光光谱的波峰——主波长主导光源或物体的色相。单色光是单一波长的光，此时饱和度最高，色彩看起来纯度高、鲜艳。

有关光谱的术语较多，侧重点各不相同，简单介绍如下。

全光谱：指的是光谱中包含紫外光、可见光、红外光的光谱曲线。具有全光谱的光不但产生视觉效应，而且具有非视觉的生物效应，对生物的生长影响显著，太阳光的光谱是全光谱。

连续光谱：光的能量在各个波长呈连续分布的光谱，本书特指可见光部分。太阳光、烛光、白炽灯等热辐射光源具有连续光谱，高显色的白光 LED 光源也可做到连续光谱。连续光谱对夜城市色彩的意义最大，它不但显色指数高，能真实再现景物，而且保证了

---

① 中国社会科学院语言研究所词典编辑室.现代汉语词典(第6版)[M].北京: 商务印书馆，
　2012: 485

全彩变色的实现。

不连续光谱：光源在不同光谱区域的能量分布极不均匀时，出现不连续光谱。此时，由光谱曲线包围的总面积可以不变，即光功率不变。对光谱能量分布的主要区域在 450 ~ 600nm 之间的光源来说，还可能有较高的亮度。但这样的光源照射物体时，只有某些波长的光投射到物体上，物体也只能反射或吸收这些波长的光，于是物体反射光线的光谱成分与全光谱光源照明条件下的差异很大，极大地影响了显色性。很多气体放电灯，如高压钠灯，在 589nm 发出的橙黄色光线虽然有较高的光效，但显色指数低，所以常用在道路照明。

同色异谱：指对于特定观察者、特定照明条件，具有不同的光谱分布而有相同三刺激值的色彩。如不考虑色貌现象，色彩的三刺激值相同就被认为是同色。因为同色同谱较难实现，同色异谱对彩色印刷等色彩再现意义重大。同色异谱现象使得显色性和色差的研究成为必然。为真实再现物体昼光下的色彩，人造光源的研发一直在模仿太阳光。太阳光的显色指数为 100，人造光源的显色指数越大就越好。不同媒介之间的色彩转换，必然存在同色异谱的情况，色差的计算和控制便成为一个重要课题。

通常，描述光源的术语最主要的有两个：

（2）光通量：光源射出光线中人眼能感觉到的光功率。与人、时间有关系，指在单位时间内，以国际标准观察者进行观察（标准观察者模拟人眼的光谱光视效率，即对不同波长光的感知具有标准敏感度）能感觉到的光功率，单位是流明（lm）。光通量是照明光源重要的参数指标。

（3）光强度：光源在特定方向上射出的光通量。与光源照射的立体角有关，单位坎德拉（cd）。对于具有相同光通量的光源，射出光线越发散、立体角越大，光源的光强度就越低，当射出光线向一个特定的方向射出、立体角就小，光源在这个方向上的光强度就高。

描述与物体相关的光度学术语主要有两个：

（4）照度：描述了物体表面接收到的光，与面积有关，指光源照射在物体单位面积上的光通量，单位是勒克斯（lx）。物体表面照度通常与照明光源的光通量成正比，与物体到光源距离的平方成反比。

（5）亮度：亮度是接近人眼感知的光度量值，描述了人眼观看一个物体或光源的亮暗大小。其物理定义是在人眼的观察方向上，单位面积里物体反射或光源发射出的光强度。亮度与物体的性质关系密切，如色彩、质感等影响其反射的因素。如果忽略空气对于光线的吸收，距离的远近不改变物体或光源的亮度，只改变光源在人眼中尺寸的感观。单位是坎德拉每平方米（cd/m^2），即尼特（nit）。

【实验1】照度、亮度两个概念的区别

一个简单的实验能说明照度、亮度两个概念的区别。室内光源均匀照明的桌面上并排放两张A4纸，一张白色、一张黑色。用照度计放在桌面上测量可知，两张纸表面的照度相同。很明显，两张A4纸的面积相同，接收到的光通量相同。但是，用亮度计测量可以发现，它们的亮度差异很大，黑纸的亮度低、白纸的亮度高。因为同样的照度条件下，白色纸比黑色纸反射的光能要多，因而亮度要大。

亮度是人感知色彩的第一个通道，夜城市色彩的研究首先从亮度开始。人眼的亮度分辨力特征实验表明，$\Delta L/L$是常数（L表示亮度值，ΔL表示亮度差）。即当亮度小时，增加少量亮度值就会被感知到；亮度水平高时，更大的亮度增值才可能被人眼觉察到。对于夜城市色彩来说，亮度有一个恰当值。更高水平的亮度不仅意味着更多的投入，而且投入的量更大才能收到同样的效果，性价比降低。因此，夜城市色彩不是越亮越好。

1.1.2　亮度等级

夜城市色彩首先按亮度分级，此处的亮度指光的物理刺激值，且是针对夜间而言的。夜城市色彩可以分为12级，如表1。

亮度分级表　　　　　　　　　　　　　表1

等级	亮度区间（cd/m²）Luminance	主观感受，感知亮度Brightness	观察距离（m）	适用场合举例	备注
L1	小于0.001	极暗，无色感		无月光、星光的深夜	0.000001～0.001cd/m²是暗视觉，只杆体细胞工作，无色感
L2	0.001～0.009	幽暗，开始有色感	5～10	住宅小区很深的树丛	中间视觉，锥体细胞开始工作，杆体细胞仍工作
L3	0.01～0.09	很暗	2～5	人行道边树丛	
L4	0.1～0.9	暗	5～50	城市CBD的夜空；人行道；暗的楼体	
L5	1～2	开始有亮的感觉	2～5	能识别人脸特征；亮的人行道	
L6	2.1～5	稍亮	60～100	楼体洗亮部分	
L7	5.1～9.9	舒适的亮，开始色感好	60～100	较亮的墙面	开始明视觉，锥体细胞工作，色感好
L8	10～29.9	明显的亮	50～100	很亮的墙面；饭店正面；楼体上的小字LOGO；远处橱窗	
L9	30～59.9	很亮	50～100	广告牌匾；LOGO；橱窗	
L10	60～99	很亮	50～100	橱窗；入口	
L11	100～1000	极亮，刺眼	50～100	较大的LED屏幕	常由LED实现
L12	大于1000	刺眼		近处的LED灯	常由LED实现

为使亮度分级更为直观，参看实测1～5：某城市CBD亮度分级示意

【实测1】：如图1-7，大厦整体（除了局部的LOGO字、橱窗）亮度8级，即L8；部分亮度L7，大面积墙面L4，整体印象是舒适的明亮。

【实测2】：如图1-8，CBD的夜空约0.1cd/m²，地标建筑从400多米外观察，亮度L7，总体印象不够繁华热闹。

【实测3】：如图1-9，地标建筑顶部的红色只有0.4 cd/m²，但明显比0.3 cd/m²的墙面感觉亮，这是典型的色貌现象。建筑

上部的 LOGO 字有 12 cd/m² 属于 L8，虽然字比较小，但仍很明显。

【实测 4】：如图 1-10，典型的人行道，属于亮度 L4。在道边树丛深处，只有 0.03 cd/m²。

【实测 5】：如图 1-11，红墙的照明由洗墙灯完成。红色、黄色 LED 光源颗粒交错排列成线性洗墙灯具。亮度属于 L7，舒适的亮，色彩感很好。

图 1-7　实测 1（图片来源：作者自摄自绘）

图 1-8　实测 2（图片来源：作者自摄自绘）

图 1-9　实测 3（图片来源：作者自摄自绘）

图 1-10　实测 4（图片来源：作者自摄自绘）

图 1-11　实测 5（图片来源：作者自摄自绘）

图 1-7		图 1-8
图 1-10		图 1-9
图 1-11		

1.2　色度学

1.2.1　重要术语

当代色度学从人的真实感知出发，以色貌研究为核心，很多术语在此背景下变得越来越重要。西方对色度学的研究有百年的历史，英语是最原初的叙述语言，因而术语也出于英语。术语使用不同的英语单词，必然所示意义不同。但很多文献不明其真正的内涵，粗糙地以同一个中文词汇表达，造成很多概念上的混淆，甚至学理意义的含糊。笔者以自己的理解，在此尽力澄清之，希冀达到条分缕析。

亮度 Luminance：英语单词表达的重点在"发光"，是主动地发射光能，与光源密切相关；是光度学的重要术语，可以用亮度计测量数值。

现代色度学在研究色貌现象时，发现物理量虽然可以测量，但不是决定最终感知的充分必要条件。于是，把物理刺激——亮度 Luminance，分为反射亮度 Lightness、感知亮度 Brightness 两个概念。

反射亮度 Lightness：英语单词的重点在"反射"光，是物体被动地反射光能，依赖于光源。

感知亮度 Brightness：英语单词表达的重点在"感知"到明亮，是感受的结果，不完全依赖于光源，人的主观印象做最后的决定。感知亮度与亮度的关系不是简单的正比例。有实验表明，当原始的亮度被调至 25% 时，感知亮度还有 50%；当亮度只有 1% 时，感知亮度还有 10%。人眼的这种惰性，对于节能很有意义。另外，感知亮度的大小还包括彩色亮度（详见下文）贡献的部分。感知亮度与亮度比也关系密切，同时还与人眼的适应状况、物体的尺寸、表面反射特性、亮度变化率、光谱组成等诸因素有关。感知亮度的变化由亮度变化率主导。当亮度变化率高，即有亮度突变时，即使亮度比只有 1：1 也可以分辨；亮度变化率低，即一个亮度或者亮度平顺地渐变，即使亮度比达到 10：1，感知亮度的变化也不明显。

明度 Value：用于减法混色的色彩体系，如蒙赛尔体系，表达物体色的明亮程度时用"明度"Value，英文单词的重点在"数值"，即在色彩体系明度轴上数值的大小。

考虑到色貌现象，色彩的鲜艳程度也需要用两个概念来表达，彩度 Chromaticity 和感知彩度 Colorfulness。

彩度 Chromaticity：英文单词的重点在"彩色"，指色彩的鲜艳饱和程度，色品坐标在光谱轨迹上的单色光彩度最高，最鲜艳饱和。

感知彩度 Colorfulness：人主观感知到的色彩鲜艳程度。

饱和度 Saturation：英文单词的重点在"最大限度、最大程度"，当某种单色光呈现出最大限度时，就是饱和度最高的，最鲜艳的。

纯度 Purity：英文单词的重点在"不含杂质"，不含白光或者其他波长的单色光，色彩最纯。

另外，还有一些重要概念需要在此追溯其根源，以便应用。

标准观察者：人是色之母，人的特征决定物理刺激如何转化，转化成怎样的色彩感知。在色度学研究中，首先规定了标准观察者。标准观察者的定义基于人眼的生理特征，主要规定了两个方面内容。其一是人眼感光细胞对光谱的灵敏度特征，即规定了对哪些波长的光更敏感。其二是规定了视场角度，即视野范围的大小。

人眼的视觉灵敏度[1]：人眼视网膜上的感光细胞分为杆状细胞和锥状细胞，锥状细胞又有三种，对光谱中的红、绿、蓝三色产生响应。杆状细胞的灵敏度高，能感受极微弱的光。锥状细胞能很好地区分色彩，且能分辨细节，它们的相对光谱灵敏度见图 1-12。这些感光细胞在不同亮度水平下对光谱的灵敏度不同。环境亮度大于约 $5cd/m^2$ 时人眼处于明视觉状态，锥状细胞发挥主要作用，色

---

[1] 周太明等．照明设计：从传统光源到 LED[M]．上海：复旦大学出版社，2015：9

感强，对光谱 555nm 附近区间波长最为敏感，能分辨细节。环境亮度小于 0.001　cd/m² 时人眼处于暗视觉状态，杆状细胞发挥主要作用，对 507nm 附近波长光最敏感。暗视觉不能分辨色彩和细节，只能看到大致形状。不同视觉条件下人眼的视觉灵敏度如图 1-13。当环境亮度在 0.001 ~ 5　cd/m² 之间时，人眼处于中间视觉。夜城市色彩就是在此状态下被感知的。在中间视觉亮度水平下，人眼锥状细胞和杆状细胞同时工作。在它们的交互作用下，其光谱光视效率函数比较复杂，即人眼对光的敏感度情况多样。因此，在光度学、色度学的研究中，如不特别说明，都按照明视觉状态下的人眼光谱光视效率来定义标准观察者的视觉特征。

图 1-12　锥状细胞相对灵敏度（图片来源：The Lighting Handbook, Tenth Edition. Illuminating Engineering Society of North America, 2011）
图 1-13　不同视觉条件下人眼的视觉灵敏度（图片来源：照明设计：从传统光源到 LED）

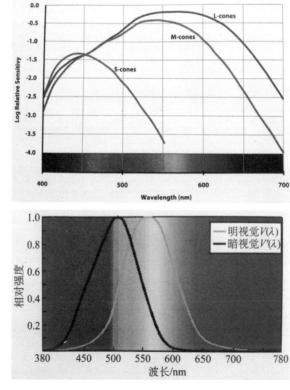

图 1-12
图 1-13

视场[1]：人眼的生理结构决定了观察视野的大小对色彩感知有较大影响。如图1-14，不同感光细胞在视网膜上的分布情况所示，感色的锥状细胞数量少（约800万个）、分布集中，大约一半集中在视网膜中央凹，中央凹以外的区域，锥状细胞急剧减少。而感知明暗的杆状细胞数量巨大（约1.2万亿），在中央凹区域几乎没有。在逐渐远离中央凹时，杆状细胞密度先迅速增加至最大值，后又逐渐减少。另外，暗视觉时，为了进更多的光线，人眼瞳孔较大，也只能是周边视觉。因此，物体在眼睛前方正对视网膜中央凹时，最容易观察其色彩；在两侧则易感知其明暗。所以，明视觉状态的标准观察者视场一般为2°或10°，如经典的CIE1931 2°色品图。暗视觉时视场要增大，如CIE在1951年推荐的光谱光视效率曲线视场为20°。

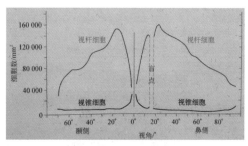

图1-14 不同感光细胞在视网膜上的分布情况
（图片来源：照明设计：从传统光源到LED）

1.2.2 色彩三要素及其关系

色彩包括光色、物色，分别遵循加法混色、减法混色的规律。通常讨论的色彩三要素是针对物色而言，多使用表述物色的色彩体系，如蒙赛尔体系分析其关系。夜城市色彩以光色为核心，物色是光色作用的结果。因此，很有必要从光色、光色与物色的角度重新审视色彩三要素。色度学色貌研究的成果是本部分的重要理论依据[2]。

① 周太明等. 照明设计：从传统光源到LED[M]. 上海：复旦大学出版社，2015：9.
② 此部分参考、引用了百度有关色貌研究的文章，在此向作者一并感谢。

色彩的三要素紧密联系、相互制约。不同情况下,三要素的确切表达有微差。除色相 Hue 外,描述色彩明暗的有亮度 Luminance、感知亮度 Brightness、反射亮度 Lightness、明度 Value;描述色彩鲜艳程度的有彩度 Chromaticity、感知彩度 Colorfulness、饱和度 Saturation、纯度 Purity。这些术语的意义侧重点各不相同,视表意的需求选取,在此就不笼统指出三要素的名称。

（1）色相 Hue- 亮度 Luminance- 纯度 Purity

色相受其他两个要素的影响与制约。一般认为,波长决定色相。但是,赫尔姆霍在 1867 年就指出,用波长描述色相并不准确。色相还取决于亮度,不同亮度条件下的同一种波长的光有不同的色相（如图 1-15）。仔细观察不同色相的边界,特别是红色区域向橙色区域的过渡。随着亮度的提高和降低,不同色相的边界并不停留在同一个地方,在蓝色和紫色区域也是如此。这是一种色貌现象,在合适的条件下存在,称作色相偏移（Bezold-Brücke Hue Shift）。

光的色相还随着光纯度的变化而变化。即当一束单色光和白光混合后,色光纯度将被改变,色相会随着光纯度的改变而变动。这是艾比尼效应 Abney Effect（图 1-16）。夜城市色彩主要由光色形成,若暂不考虑形成物色的诸多条件（如其表面反射率等）,光本身的色相也会随着亮度、纯度的变化而变化,在城市规划设计时应考虑到。

物色不只与光色、表面反射特征等有关,还与物体和背景的亮度对比关系有关。一个有关物体色相与亮度的色貌现象——赫尔森 - 贾德效应 Helson-Judd Effect 充分说明了此规律。赫尔森在 1938 年发现,高彩度光源照射中性色的物体,当物体比背景亮时呈现光源的色相;当此中性色物体比背景暗时,物体呈现光源色的补色色相。此现象可以概括为"剪影补色"效应,若巧妙应用在夜城市色彩的景观塑造上,经过恰当控制,将获得有趣味的效果。

图 1-15　Bezold-Brücke Shift 色相偏移模拟图（图片来源：百度文库）

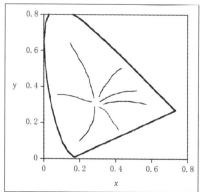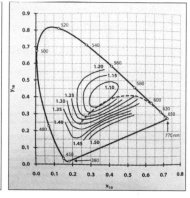

图 1-16　艾比尼效应 Abney Effect（图片来源：百度文库，重绘：崔佳艺）

图 1-17　赫尔姆霍 - 科耳劳奇效应 Helmholtz-Kohlrausch Effect（图片
来源：The Lighting Handbook, Tenth Edition. Illuminating Engineering
Society of North America, 2011）

图 1-16

图 1-17

（2）亮度 Luminance- 感知亮度 Brightness- 彩度 Chroma-ticity- 饱和度 Saturation

一般认为，感知亮度只与亮度直接相关。但是，色貌研究发现并不是这样。赫尔姆霍－科耳劳奇效应 Helmholtz–Kohlrausch effect 显示，有一种"彩色亮度"存在，即当色光的彩度（饱和度）很高时，感知亮度会高，而用亮度计测量的亮度却不高（图 1–17）。CIE1964 10°色品图显示的是感知亮度与亮度的比值。可以看到，在色彩饱和度高的区域比值大。如图 1–18 所示，机场人行隧道使用高饱和度的 LED 照明，虽然亮度较低，但感知亮度却不低，还营造了别样的氛围。赫尔姆霍－科耳劳奇效应在较黑暗的环境更明显，对夜城市色彩有较大意义。恰当运用彩色光，不但可以增加视觉美感的愉悦，还有节能的实用功效。

（3）亮度 Luminance- 感知彩度 Colorfulness

物色是光色作用后的结果。一般地，物体的感知彩度随着光亮度的增加而增加。在更亮的光源照明条件下，物体色看起来更加鲜艳，明暗对比更加强烈。在色度图上（如图 1-19），在 $10000cd/m^2$ 高亮度的环境条件下，一个色品坐标 $(0.35, 0.33)$ 的淡粉色物体的感知彩度等同于将一个日常看起来大红色 $(0.55, 0.33)$ 的物体放在 $1cd/m^2$ 微弱光条件下的感知彩度，二者相匹配。这是亨特效应 Hunt Effect，它是光能量的直观反映。亮度高的光源发射给物体的能量大，物体反射的能量也大，于是色彩就看起来鲜艳，即感知

图 1-18　赫尔姆霍—科耳劳奇效应 Helmholtz-Kohlrausch Effect 在机场人行通道的应用（图片来源：The Lighting Handbook, Tenth Edition. Illuminating Engineering Society of North America, 2011）

图 1-19　亨特效应 Hunt Effect（图片来源："百度文库"重绘：崔佳艺）

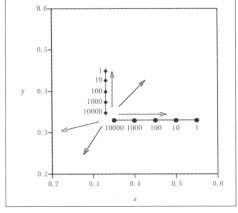

图 1-18
图 1-19

彩度大。因此，在西藏明亮的阳光下，城市色彩看起来艳丽；而在四川盆地的柔光下，城市色彩也是柔和的。夜城市色彩受人工光源影响，当光的亮度大时，物体色的感知彩度也会高，看起来鲜艳。

（4）亮度 Luminance- 感知亮度 Brightness- 反射亮度 Lightness

亮度提高，感知亮度、反射亮度也都提高，色彩的对比增强。这是斯蒂文斯效应 Stevens Effect，它与亨特效应 Hunt Effect 的结论类似。亮度提高，光的能量增大，当然各种亮度和对比度都会增强。Bartleson-Breneman 等式也表明，图像的对比度在亮的条件下更大。1967 年，Bartleson 和 Breneman 发现当一个复杂刺激（图像）的周围环境从黑→暗→亮发生变化时，图像的感知对比度也随着逐渐增加。鉴于 Steven 所提出的色彩对比会随着明度增大而增大的观点，Barleson 和 Breneman 着手开始进行其相关的试验，将此理论应用于复杂影像上，以观察"影像对比如何随着环境光源的转变而转变"。最后，依照实验结果，推出了一系列会随着光源的转换而改变影响对比的"明度相依公式"。

总之，更大能量的人工光源投射到城市物质容器上，便能看到更鲜明生动的城市图景，这是为什么人们热衷于提高夜城市色彩亮度的原因。向光性是生物的天性，如何巧妙利用，规划设计出好的夜城市色彩，这是专业人员不懈的追求。

1.2.3　白光及各单色光的特征

光是色之父，人是色之母，物是色之舟。夜城市色彩的形成首先来自光色，因此有必要研究白光及各单色光的特征。本小节尝试从规划设计选色、用色的角度叙述色度学在此方面的研究成果。笔者将 CIE1931 2°色品图简化（图 1-20），可以看到红-绿，黄-蓝两个色度通道，它们每对色彩互为补色关系。虽然有学者指出，色品图中的色彩仅用于定位。但这些色彩直接与波长对应，简化的色品图可以直观地将感知色彩与波长等物理刺激联系起来，使得色彩

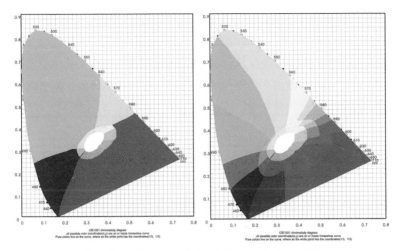

图 1-20　简化的 CIE1931 色品图（图片来源：作者自绘）

组合方案可以直接运用色度学的有关实验结论。

人眼的生理特征决定了其分辨力特点，导致不同波长的单色光感知很不相同。

（1）自然真实、不同色温的白光

白光是最常见的光，自人工照明出现以来，人们就在极力模仿太阳的白光。目前，很多人造光源的白光都基本实现了类似太阳光谱，能再现日间的景象。早晚、正午，不同时间的太阳光色彩有微差，呈现低色温的暖白色和高色温的冷白色。

色温是对光源色彩冷暖的大致描述。当光源发出的光的色彩与黑体在某一温度下辐射光的色彩相同（指色品坐标相同）时，黑体的温度就称为该光源的色彩温度，简称色温（color temperature，CT），用绝对温标 K 表示[①]。当光源光色（其色品坐标不在黑体轨迹上时）与黑体某一温度下辐射光的色彩最接近时，黑体温度就是该光源的相关色温（correlated color temperature，CCT）。

色温影响人对亮度的判断，与对太阳光的记忆有关。因为低色

① 周太明等. 照明设计：从传统光源到 LED[M]. 上海：复旦大学出版社，2015：32

温的阳光通常出现在亮度相对较低的早晚时分，而高色温的阳光在明亮的正午前后常见。实验表明，同样亮度的白光，低色温（约3000K以下）的感知亮度低；高色温（约4000K以上）的感知亮度高。然而，低色温白光的亮度很高时，会有燥热的印象；高色温白光的亮度很低时，将产生阴森的感觉（图1-21）。

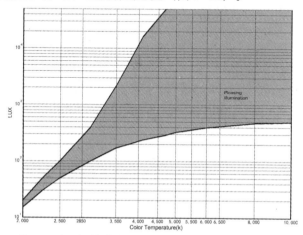

图 1-21　色温与感知的关系曲线（图片来源：百度，重绘：崔佳艺）

　　色温还与空间地理有关。因为样本尚少，笔者不敢妄下结论，在此举例供大家参考。不同地理位置的人对色温似有偏好。寒冷地区的北欧，设计师们喜欢用3000K以下的低色温，北美人则喜欢3500～4000K的中色温。国人喜欢高色温，可能与其感知亮度大，有节能之效有关。

　　长久以来，人们对白光的研究目的是照亮室内，使得夜间和缺乏自然光的所在仍能适于生活。因此，显色性等指标是评价白光的重要依据。夜城市色彩更多出现在城市外部空间，从这个角度看，色温所携带的微妙倾向、营造的冷暖氛围更为重要。当夕阳的余晖洒向大地时，城市总是看起来那么美（图1-22）。这是因为夕阳的色温较低（约2000K），暖黄的光把城市中各类物质载体的色彩都统一在一个调子中，只保持些许微差。这种统一中有变化的画面符合美学的最高原则，必定是美的。可见，低色温的白光有自己独特的塑造能力。当然，白光自然、真实的特点是其主流，它的光谱接近太阳光，再现日间图景是它最大的特长，在夜城市色彩的规划设计中需恰当应用。

（2）特立独行，浓艳微妙的蓝光

从简化的色品图（图 1-20）中可见，波长在 380nm ～ 485nm 大致范围的光是蓝光，属于不容易被感知，一旦觉察又极其浓艳、微妙的光。人眼的分光视感效率研究表明（图 1-13），在明视觉、暗视觉条件下，短波长的蓝光范围视觉灵敏度都较低。在明视觉条件下，感知蓝光的锥状细胞相对灵敏度较红、绿的低很多（图 1-12）。蓝光的整体能量低，亮度就不高。研究表明，随着年龄的增长，人眼晶体的透明度下降，产生"黄化"现象，400nm 附近的短波长光透射率降到很低，60 岁以后甚至降到 5% 以下（图 1-23）。夜城市色彩是在中间视觉条件下被感知的，兼有明视觉、暗视觉的特征。同时，它又是被大众集体感知的，规划、设计需考虑各类人群的特点。从这个意义上，380nm ～ 485nm 大致范围的蓝光是不易被经常感知到的、稀有的光色。

同时，对于空气质量不甚好的城市来说，蓝光因空气吸收而衰减得很快。随着距离增大，亮度会明显降低。

图 1-22 夕阳下的城市（图片来源：视觉中国）

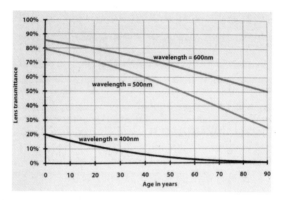

图 1-23　晶状体透射率与年龄的关系（图片来源：The Lighting Handbook, Tenth Edition. Illuminating Engineering Society of North America, 2011）

　　然而，这些蓝光一旦被感知到，它们又是那么迷人。研究发现，人眼在饱和度感知方面，对光谱两端的光更敏锐。也就是说，饱和度高的蓝光可以被感知到。赫尔姆霍-科耳劳奇效应 Helmholtz-Kohlrausch effect 表明，饱和度高的色光具有彩色亮度。高饱和度的蓝光虽然亮度不高，即亮度计测量值不高；但蓝光的感知亮度却不低，所以蓝光看起来是浓艳的，这个特点也决定了复色光中蓝光的比例将对其色相、饱和度影响较大。

　　实验表明，蓝光加入 2% 的白光，其饱和度的变化便会被人眼分辨出来。因此，蓝光有诸多微妙变化的可能，从最浓艳的到最浅淡的，再加上亮度、纯度对色相影响的色貌现象，如色相偏移 Bezold-Brücke Hue Shift、艾比尼效应 Abney Effect 等，人眼便可以看到极其丰富多样的蓝色。很多成功的照明设计利用了蓝光的这种特性，创造出独特的效果（图 1-24）。

　　另外，由于空气中的颗粒（如污染造成的雾霾）对波长短的光吸收更多，蓝色光的感知亮度随距离增大而减小，当它用于远距离观赏的夜景时，如城市地标的景观照明，需要做综合考量。

　　（3）老幼皆宜、亮而不艳的绿光、黄光

　　从简化的色品图（图 1-20）中可见，波长在 485nm ～ 560nm

大致范围的光是绿光，在 560 ～ 585nm 大致范围的光是黄光，属于容易被感知的，明亮但不艳丽的光。人眼的分光视感效率研究表明（图 1-13），在明视觉、暗视觉条件下，人眼对光谱中间区域的光——绿、黄光的敏感程度高。当光的能量相同时，这种敏感性使视觉感知更为强烈，即绿、黄光看起来更明亮（图 1-25）。此时亮度是相同的，是感知亮度大。因此，在复色光中，红绿光所占比例决定其感知亮度。

人眼对波长的分辨力也在绿、黄光区域大。也就是说，蓝绿、绿、黄绿、黄、橘黄等光色相的变化能被轻易地感知到。人眼能觉察出不同浓淡的蓝色光，更擅长看到不同色相变化的绿、黄色光。即使到了老年，眼睛晶体透明度下降，600nm 绿光透射率还在较高水平，90 岁还达到 50%（图 1-23）。笔者陪一位 90 岁的老先生看画展，他最喜欢的画就是黄绿色调（图 1-26）。

485 ～ 585nm 范围的绿、黄光看起来并不饱和，即使其色品坐标就在光谱轨迹上。因为人眼分辨饱和度的能力在这个区域较差，

图 1-24 ｜ 图 1-25

图 1-24　蓝色光效的迪士尼（图片来源：李嘉豪拍摄）
图 1-25　绿黄光效的迪士尼（图片来源：李嘉豪拍摄）

图 1-26　黄绿色调的画被 90 岁老人喜欢（图片来源：作者自摄）

对饱和度的高低、差别变化都不敏感，比如 570nm 的黄绿光就看起来不很鲜艳。

夜城市色彩要适应各类人群的一般需求，绿、黄范围的光是最恰当的。它们亮而不艳，色相上又有多种变化，可谓老幼皆宜、雅俗共赏。

（4）既亮且艳的红光

从简化的色品图（图 1-20）中可见，波长在 585nm ~ 780nm 大致范围的光是红光，属于既亮又艳的光。虽然从人眼的视觉灵敏度曲线看（图 1-13），此范围的红光并不令眼睛敏感。但在明视觉条件下，感知红光的锥状细胞相对敏感度是最高的（图 1-12），远远高于蓝光。同时，红光区域的饱和度灵敏度也高，将给高饱和度的红光增添彩色亮度。诸多因素叠加，红光区域的感知亮度便大起来，成为亮而艳的光（图 1-27）。复色光中的红光也为其贡献感知亮度。

但是，红光区域的波长差别不易被人眼分辨，680nm 以上甚至会被认为是同一种红色。而此区域的饱和度分辨力高，加入少量白光（如 2% 白光）就会被觉察。所以，红光的浓淡变化是明显的，这个特点与蓝光类似。

　　总之，无论是色度学研究还是人们的常识都发现，蓝光、红光最为特别、最有表现力。在偏黄、白的昼光下，看到绿色的大自然，这是常见的景象。色度学实验发现，记忆色通常比实际的色彩更鲜艳。所以，人们把饱和度高的黄光、绿光与白天的阳光、草地联系起来，并未觉察这些色光的饱和度高。而作为光源的蓝光、红光在白天的大自然中几乎见不到，是极不熟悉的，一旦出现便很令人惊异，于是充分调动各种能力去感知。上文所述的色度学研究诸多成果便是很好的佐证。在舞台美术中（图 1-28、图 1-29），蓝光、红光也经常用来塑造、渲染特别的形象与氛围，黄光、绿光做一般的铺陈（这里的蓝光、红光、绿光、黄光都是指很宽的范围）。白光虽然是最平淡无奇的，但它具有自然、真实的特征，在以真实再现为目的的场所大有用武之地。夜城市色彩的规划设计要充分运用不同色光的优点、特点，塑造夜间另一种面貌的城市。

图 1-27　图 1-28

图 1-27　红色光效的迪士尼（图片来源：李嘉豪拍摄）
图 1-28　舞美中常用红蓝光（图片来源：周文钦．舞台艺术摄影技巧漫谈）

图 1-29 《茶花女》运用明亮艳丽的红黄光（图片来源：谷歌图片）

1.2.4 色彩关系

色彩关系最重要，它决定最终的感知。在光度学和色度学中，色彩关系用对比度来表达，是与人的关系最密切的概念。

（1）对比度

对比度包括亮度比和色度比。

亮度比指目标与环境的亮度差，即目标亮度占环境亮度的比例。在评价光环境质量的指标中，有均匀度、立体感、环境比等，均与照度有关，最终都可归结到亮度比。比如，环境比＝环境亮度／主体亮度。亮度比很影响体验。同样的数值 $400cd/m^2$，在夜间室外是很刺眼的亮度，而白天室内木地板的反光也达此值，却看起来柔和。因为白天的亮度比是 $8：1$，而夜间的是 $400：1$。亮度比决定了感知亮度。可见，从人的感知出发，相对量比绝对量更重要，即色彩关系更重要。

色度比指决定色品坐标的色相、饱和度的对比。色度比有两个维度，可能同时显现，也可能不同时显现在对比中。

（2）分级[①]

将亮度比和色度比分级如表 2、表 3。

亮度比分级表　　　　　　　　　　　　　表 2

等级	目标亮度：环境亮度	感知效果	备注	举例
高 G1	> 500 : 1	强烈，当绝对亮度大时有"刺目"的印象		
高 G2	500 : 1	强烈，当绝对亮度大时有"刺目"的印象		近处（约 100m 以内）的大面积（约 50m² 以上）LED 屏幕，亮度比很高，刺目
高 G3	100 : 1	强对比，当绝对亮度大时，有"很亮"的印象		楼体的标识牌，约 20m 外的橱窗
高 G4	50 : 1	醒目，当绝对亮度大时，有"亮"的印象		居住区底商的广告牌匾
中 Z1	10 : 1	清晰，当绝对亮度大时，有"亮"的印象	立体感 = 垂直照度 / 水平照度，当其不小于 1/4 时，在主观察方向上有舒适的立体感	
中 Z2	5 : 1	柔和，舒适		
低 D1	3 : 1	弱对比，均匀	照度均匀度 = 最小照度 / 平均照度，照度均匀度 = 最小照度 / 最大照度。当亮度比低时，均匀度便高	夜景照明至少要达到此亮度比
低 D2	2 : 1	平板感		霓虹灯箱广告去色后，亮度比低
低 D3	< 2 : 1	亮度有区分		

① 部分内容参考周太明等. 照明设计：从传统光源到 LED[M]. 上海：复旦大学出版社，2015：47

色度比分级表

表3

等级	目标色度：环境色度	感知效果	备注	举例
高 SG1	补色对比	强烈，鲜艳	补色之间有相互增强饱和度的作用，即使两个饱和度中等的补色在一起，也有鲜艳的印象	拉斯维加斯的夜色彩，纽约时代广场的广告，悉尼灯光节时在悉尼歌剧院的灯光秀
高 SG2	色光与黑暗的对比	鲜艳，明亮	赫尔姆霍-科耳劳奇效应 Helmholtz–Kohlrausch effect 表明，饱和度高的色光在黑暗环境中具有彩色亮度。色光与黑暗的对比，除了有彩色—无彩色的饱和度对比外，还有较高的感知亮度，所以效果鲜艳、明亮	柏林的一些地标建筑，典型的浓色调
高 SG3	冷暖对比	鲜艳		拉斯维加斯的夜色彩
中 SZ1	色光与白光的对比	明快		东京商业区
中 SZ2	类似色相对比，低饱和度的补色或冷暖对比	明快，雅致		
低 SD1	同一色相，不同饱和度的对比	统一	除色光外，在低色温的白光照射下，物体被暖色笼罩，也呈现同一或类似色相对比	火时代的暗色调最为典型

（3）色彩复合

夜城市色彩的构成比较复杂，大致由光色—光色、光色—物色、物色—物色复合、组合而成。物色—物色组合不是夜城市色彩的重点，笔者在讨论昼间城市色彩时有所提及，参阅拙作《城市色彩：表述城市精神》。光色—物色的复合将在第六章详细解说。光是色之父，本章的目的是解决一些基本问题，于是在此讨论光色—光色的复合就顺理成章了。

光色—光色复合有两种情况，产生白光或色光。无论哪种，光的亮度都会提高，饱和度会下降，色相可能改变，亦或不变。两种色光复合后，能量增加，亮度必然提高。由于增加了其他波长光的成分，饱和度会下降；如果比例恰当，两色光复合后会得到白光。复合后得到的白光与单纯白光是同色异谱，投射到物体上的色彩效果将会不同。一般情况下，物体色彩会更加鲜艳、生动。

如图 1-30，光色—光色复合前后的效果。每组第一二列是复合前的两个色光，第三列是复合后的色光。

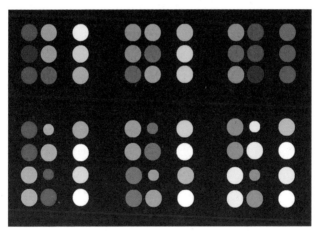

图 1-30　色光复合前后的效果（图片来源：作者自绘）

第 2 章

历史：火时代、电时代、智能时代

　　光、物、人合而为色。前一章以科学的方法分而治之，本章尝试从历史的视角整合看待，探寻夜城市色彩经历了怎样的历程。

2.1　幽暗摇曳的火时代

　　色彩是最原始的审美形式。早在旧石器时代，山顶洞人就会"穿戴都用赤铁矿染过、尸体旁撒红粉[①]"。而到新石器时代的制陶时期，人类才开始认知形状。可以看到，与动物性的生理反应不同的是，色彩对原始人群不只是视觉愉悦，更被赋予了特定的观念意义。夜晚色彩的观念含义则更丰富。

　　色彩的形成需要光、物、人，三者缺一不可。人是色之母，光是色之父[②]，物是色之舟。白昼的色彩集中表现在色彩的载体——物上，夜晚的色彩则首先来自光。在远古时代，夜幕降临便意味着寒冷和危险并至，唯有太阳的再次升起才能恢复生机。虽然在晴朗的夜晚，星光和月光也能带来些许安慰，但无论如何无法与太阳匹敌。于是，太阳成为人类最早崇拜的神。与其说崇拜的是太阳，不

---

① 李泽厚. 美的历程 [M]. 南京：江苏文艺出版社，2010：11
② 王京红. 城市色彩：表述城市精神 [M]. 北京：中国建筑工业出版社，2014：4

如说崇拜的是太阳光。

中国、印度、埃及、希腊和南美的玛雅文化，都是太阳崇拜的发源地。《山海经·海外东经》曰："下有汤谷。汤谷上有扶桑，十日所浴，在黑齿北"。"大荒之中有山，名曰孽摇頵羝，上有扶木，柱三百里，其叶如芥。有谷，曰温源谷。汤谷上有扶木，一日方至，一日方出，皆载于乌"。汤谷位于山东东部沿海地区，是上古时期羲和族人祭祀太阳神的地方，是东夷文明的摇篮，也是我国东方太阳文化的发源地①。在多阴雨的四川盆地一带，也出现了古蜀的太阳神崇拜，祈日、护日的神话多出现在类似地区，而射日的故事总是与干旱相联。从对太阳光的崇拜，中国古人认识到日光向背的朴素概念，及其与生死的密切联系，最终催生出"阴阳"的哲学范畴。"阴阳之义配日月"②"夫四时阴阳者，万物之根本也""阴阳四时者，万物之终始也，死生之本也"③。可见，色彩之父——光，从一开始就有哲学层面的深意。

时间不知又过了多少年，在某个电闪雷鸣的夜晚，雷电击中了一棵大树，熊熊的山火燃起。没来得及跑掉的兔子、山鸡、豺狼等动物葬身火海。当幸免于难的原始人好奇地回来玩耍时，发现山火余烬中有喷香的食物，残余的火种还能复燃成温暖的篝火，照亮漆黑的长夜。人对火的崇拜一发不可遏制，即使在白昼，重要的仪式也要围着一堆篝火（图2-1）。当人类学会自制火种后，火的应用广泛起来。自此，开启了夜晚的"火时代"。

火时代的夜晚色彩由火带来，除篝火外，就是能照亮前行道路的火把了。"原始人把脂肪或者蜡一类的东西涂在树皮或木片上，捆扎在一起，做成了照明用的火把。"④直到公元前7世纪，

---

① 百度百科
② 易传·系辞上
③ 素问·四气调神大论
④ 熊月之. 照明与文化：从油灯、蜡烛到电灯 [J]. 社会科学，2003年第3期：94

希腊人一直使用火炬或火钵①。而我国灯烛的使用可追溯到公元前 30 ～公元前 20 世纪的黄帝时期。《札记－内则》："夜行以烛，无烛则止"②。"富庶人家夜晚行路用灯笼，内燃蜡烛，所渭秉烛夜游。个别城市繁盛之处设有天灯。""宋代的京师，每一瓦陇中皆置莲灯一盏，到了夜晚．灯烛荧煌，上下映照。"③这些都是载入史书的特殊例子，实际上火时代的室外公共场所、道路的照明极少。人们被迫日出而作、日落而息。空谷因鸟鸣更为静寂，黑夜因烛光更显幽暗。"野径云俱黑，江船火独明"④。或远或近，忽明忽暗的灯烛，给行路未归的商旅带来复杂的联想：幽静、思乡、恐惧⑤。因此，火时代夜晚色彩的文化性格中深沉、消极的成分较多。

　　火时代的室外照明少，灯烛主要集中在室内。研究其文化性格、情感积淀就不能忽略室内部分。灯烛下的室内色彩是幽暗的暖调子，低色温、低亮度、高亮度比。那些闪烁的火苗无法与巨大的阴影抗衡（图 2–2），照明条件不便劳作，一般人早就进入梦乡，灯下枯坐的只有苦读的书生、他乡的游子和独守的怨妇。灯烛是这些夜间

图 2-1 ｜ 图 2-2

图 2-1　白天围着篝火的仪式（图片来源：百度图片）
图 2-2　拉图尔的《忏悔的抹大拉》（图片来源：百度图片）

① 熊月之．照明与文化：从油灯、蜡烛到电灯．社会科学 [J]．2003 年第 3 期：94
② 同上
③ 同上
④ 杜甫．春夜喜雨
⑤ 同上

活动人群身边不可缺少之物，便成为他们寄托情怀的对象。于是，辛苦、孤独、思乡、离别、愁怨等情感与灯烛紧密相联。

古人写读书之苦常以青灯黄卷来形容，所谓"青灯黄卷伴更长，花落银缸午夜香"[①]"幽人听尽芭蕉雨，独与青灯话此心[②]"古时因交通不便，信息难通，离别几乎意味着永别。所以吟咏离别、思乡的诗文特别多。"孤灯不明思欲绝，卷帷望月空长叹[③]"。"孤灯然客梦，寒杵捣乡愁[④]"。"银烛吐青烟，金樽对绮筵。离堂思琴瑟，别路绕山川。明月隐高树，长河没晓天。悠悠洛阳道，此会在何年[⑤]"。谢朓作《咏灯诗》特地将相思的内容写进去："发翠斜溪里，蓄实宕山峰。抽茎类仙掌，衔光似烛龙。飞蛾再三绕，轻花四五重。孤对相思夕，空照舞衣缝[⑥]。""寒信风飘霜叶黄，冷灯残月照空床[⑦]"。更有著名的"春蚕到死丝方尽，蜡炬成灰泪始干[⑧]"诗句将受热流淌的烛泪比作眼泪，寄托情思。

火时代的灯烛也被赋予很多积极的情感。在黑夜的衬托下，灯烛之下格外光明。于是，撕破黑暗、指引道路的灯烛被赋予宗教的观念。"佛家常用以比喻佛法，传法被称为传灯，佛像前置放的昼夜不熄的灯'称长明灯'。佛教名著《五灯会元》中，每部都含一'灯'字，即《景德传灯录》、《天圣广灯录》、《建中靖国续灯录》、《联灯会要》与《嘉泰普灯录》。"[⑨]

烛火的摇曳虽然照明稳定性差，但其运动、变化的特性却带来活力和生命感。于是古人将灯烛喻人，或与人生联系到一起。"以

① 元·叶颙．书舍寒灯

② 陆游．雨夜

③ 李白．长相思

④ 岑参．长命女

⑤ 陈子昂．春夜别友人

⑥ 谢朓．咏灯诗

⑦ 苏轼．和人回文五首　此五首诗为孔平仲作

⑧ 李商隐

⑨ 熊月之．照明与文化：从油灯、蜡烛到电灯．社会科学 [J]．2003 年第 3 期：94

油为气，而灯芯为质，灯焰乃精神也；及其照物，则为才能；其热者，性也；灯灭而烬落，魄降也；烟气上腾，魂升也；油有清浊，灯芯有肥细，乃资质之美恶耳。"[1]晋傅咸《烛赋》："烛之自焚以致用，亦犹杀身以成仁矣。"闻一多著名的《红烛》颂，歌颂的就是这种献身精神（图 2-3）。在当代大陆，红烛几乎成为教师的代名词。列宁在纪念恩格斯的时候，也引用了俄罗斯诗人尼·阿·涅克拉索夫的诗句："一盏多么明亮的智慧之灯熄灭了，一颗多么伟大的心停止跳动了。"[2]

在火时代，灯的光通量小、感知亮度低，且尺度小、离人近，一些相关的细节也成为寄情之处。比如灯芯燃尽，爆成灯花象征吉兆。"灯花何太喜，酒绿正相亲"[3]。"灯花占信又无功，鹊报佳音耳过风。[4]"红楼梦第四十九回，写一些亲戚意外会面，贾母笑道："怪道昨日晚上灯花爆了又爆，结了又结，原来应到今日。"《水浒传》也有这方面的描写，第二十二回，写柴进扶起宋江来，口里

图 2-3　红烛（图片来源：百度图片）

---

① 七修类稿，卷 16，义理类

② 列宁，弗里德里希·恩格斯

③ 杜甫，独酌成诗

④ 杨朝英，水仙子，全元散曲

说道：“昨夜灯花报，今早喜鹊噪，不想却是贵兄来。”①

火时代走过了漫长的时间，19 世纪开始突飞猛进，发展出具有新时代征兆的光源和灯具，给夜晚色彩带来变化。随着 1859 年钻探出石油，煤油灯出现，最早从上海等通商口岸进入中国。“用煤油灯照明较之豆油灯不但价廉，而且光亮，一盏煤油灯可相当于四五盏豆油灯”②19 世纪 60 年代中期，煤气灯开始进入中国。“1864年，上海第一家煤气公司大英自来火房开张，第二年，煤气灯开始使用于上海。以后，其他城市陆续使用。”③煤气灯比煤油灯有更多优势，对城市面貌影响很大。首先，煤气灯更亮。“据测定，一盏煤气灯，其亮度是同样大小的动物油脂蜡烛的 3 倍，是石蜡烛的6 ～ 10 倍。”④入夜以后，火树银花，光同白昼，上海成了名副其实的不夜城。19 世纪 70 年代上海人评沪北即租界十景，其中之一就是“夜市燃灯”。⑤其次，煤气灯使用便利易控制，打开开关即亮，不用添油。燃料由管道从煤气厂输送而来，更安全。最后，价格便宜。但是，无论这两种新灯具携带怎样明显的新时代基因，它们都离不开明火，仍属于火时代。

2.2　明亮繁华的电时代

1879 年，爱迪生发明了白炽灯，夜的“电时代”开始了。从此不需要明火就有光，没有了烟熏和油渍。更重要的是，电灯的光通量大，比“火时代”的灯亮度大大提高。“1882 年上海初亮电灯时，据说当时每盏电灯亮度可抵 2000 根烛炬。”⑥由于电灯亮度高、照

---

① 熊月之. 照明与文化：从油灯、蜡烛到电灯 [J]. 社会科学，2003 年第 3 期：94
② 同上
③ 同上
④ 同上
⑤ 同上
⑥ 同上

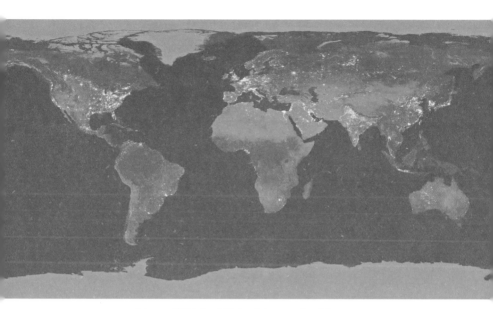

图 2-4　世界夜景卫星图（图片来源：百度图片）

明范围大，抗风雨、易维护、更稳定，解决了火时代公共照明缺失的难题。"1882 年，电灯开始出现于中国城市。这年 7 月，电灯开始照亮上海城市。到 1884 年，上海大多数街道都亮起了电灯。"[①]城市亮了起来，夜城市色彩丰富起来（图 2-4）。

电时代的人，活动空间与时间得到极大限度的延伸，改变了几千年来日出而作、日落而息的作息。人们在电时代开始主导夜城市色彩的面貌，并且逐渐学会借助它，表达需要表达的情感。火时代的"孤、冷、残、清"等消极情感被电时代狠狠抛弃，仅电灯的明亮就引来文人骚客的无数慨叹。

郭沫若《天上的街市》最为著名，"远远的街灯明了，好象闪烁无数的明星。天上的明星现了，好象点着无数的街灯"。另有词人咏叹道："凿地为炉，积炭成山，辉耀四溟，爱玲珑百窍，一齐

① 熊月之．照明与文化：从油灯、蜡烛到电灯 [J]．社会科学，2003 年第 3 期：94

吐焰。周围三十里，大放光明。绛蜡羞燃，银蟾匿彩，海上如开不夜城。登高望似战场，磷火点点凝青。休夸元夕春灯，有火树银花顷刻生。看青藜悬处．千枝列炬，黄昏刚到，万颗繁星，雪月楼台，琉璃世界，游女何须秉烛行！吾何恐，恐祝融一怒，烈焰飞腾。"[1]"泰西奇巧真百变，能使空中捉飞电。电气化作琉璃灯，银海光摇目为眩。一枝火树高烛云，照灼不用蚖膏焚。近风不摇雨不灭，有气直欲通氤氲。"[2]

电时代夜城市色彩的发展经历了几个阶段，大致可概括为误解怀疑阶段、简单使用阶段、设计追求阶段。

刚出现电灯时，人们不了解其科学原理，产生不少恐惧。有人将电灯的"电"与雷公电母的"电"联系起来，以为会遭雷劈。甚至上海道台曾经发出华人禁电灯令，认为"电灯有患，如有不测，焚屋伤人，无法可救。"[3]电灯需要电源，在电时代最初的岁月，城市市政配套跟不上，带来不少问题。翻译家钱歌川在抗日战争时期的四川时说："电灯虽素来获得一般人的信仰，可是到了内地，却完全丧失了它过去的光荣。这一带的电灯的光是黄的，一百烛光的泡子装上去，发出来的光还不及一盏火油灯。街上的电灯，更是徒有虚名，简直连走路都看不见。"[4]

随着社会经济与科技的发展，误解怀疑阶段很快就过去了。人们不仅熟悉了电灯的原理，改善了城市供电基础设施，而且不断改进电光源。从白炽灯到卤钨灯、碘钨灯、溴钨灯、荧光灯、紧凑型荧光灯、无极荧光灯、高压汞灯、高压钠灯、高压氙灯、金属卤化物灯等。光源的光效持续提高，寿命增长，显色性更好，且节能、易维护。

---

① 滇南香海词人．洋场咏物词四阙·调倚沁园春之一．申报，同治十一年八月二日

② 龙湫旧隐．见黄式权《淞南梦影录》卷四，第144页

③ 熊月之．照明与文化：从油灯、蜡烛到电灯．社会科学 [J]．2003年第3期：94

④ 钱歌川．蜡烛．载《名物采访》．上海：上海社会科学院出版社，1995：100-101

　　但是，人们沉浸在科技进步的欢愉中，聚焦在"照明""工程"上，忘记了光带来的夜城市色彩携带着丰富的情感。火时代的人虽然是被动的，但其特有的幽暗、神秘、朦胧的氛围，摇曳的生命感却魅力无穷。即使情感还有些消极，但也令人难忘。在电时代，人们简单使用各类电灯满足照明功能时，问题便出现了。人们发现，"电灯下看《聊斋》（电视剧）是无论如何也体会不到油灯下听《聊斋》那种神秘意境"①。"日常用具之中，灯与夜为伴，所以就会带来一些神秘，也就富有诗意。这是粗说，细说呢就会遇见不少缠夹，比如灯是照明的，可是欣赏神秘、欣赏诗，现时 100 瓦的电灯泡就不如昔日的挑灯夜话或烛影摇红。"②闻一多直接说："这灯光，这灯光漂白了的四壁③"在电灯的简单使用阶段，人们发现"新灯不如旧灯"，单调、乏味的明亮使得情感缺失了。

图 2-5　昼夜一致的纯净照明（图片来源：百度图片）

---

① 熊月之 . 照明与文化：从油灯、蜡烛到电灯 . 社会科学，2003 年第 3 期：94

② 张中行 . 灯 . http://www.china-gallery.com

③ 闻一多 . 静夜

于是，照明设计师出现了，主动进行设计追求。探索主要朝着两个方向发展，一个方向是向自然致敬，用电灯光模拟自然光；另一个方向是用夸张的人工美，创造人间天堂。

模拟自然光的探索在国内有较多实践，这与中国崇尚自然美的哲学不无关系。中国古典园林"虽由人作，宛自天开"的思想潜移默化地影响着本土设计师。这类照明的色调印象是弱对比的亮调子，低亮度比、高均匀度、高亮度。用光节制精准，不用彩色光，只谨慎地通过白光的色温不同区分冷暖。视觉画面的取舍、归纳不是重点，忠实地呈现昼间景象是目标。为突出主体，他们精心地布灯，精准地配光，在比较各方关系中不留痕迹地增加视觉层次，进行视线引导。这类照明多集中在单体建筑，特别是地标性公共建筑，尤其是室内空间，如美术馆、博物馆等，创造了纯净、昼夜一致的、无阴影的空间（图 2-5）。但是，在城市尺度的外部空间却鲜有成功案例。在外部空间，已有建筑师尝试模拟月光的效果。设计师王东宁甚至提出，有必要研发具有不同地域自然光光谱的灯具，以抚慰人的乡愁。模拟自然光的夜城市色彩，在解决照明的功能之后，充分满足了人对阳光等自然光的向往，给人舒适、愉悦的体验。

人的欲望是多元的，新鲜、惊异的体验也不可少。电时代的夜城市色彩也满足了这个极端的需求。穆时英描写闪耀着霓虹灯的上海夜晚："Neon Light 伸着颜色的手指在蓝墨水似的夜空里写着大字。"[①]此时的夜城市色彩已不只是亮，而且增添了昼间没有的色彩，呈现出明亮繁华的电时代面貌。

美国拉斯维加斯的夜城市色彩是这个方向的典型。拉斯维加斯是沙漠上的人造赌城，没有文化积淀，建筑都是世界各地的舶来品，甚至是微缩仿制品。早期建筑粗糙，整个城市像个布景。由于沙漠气候炎热，夜晚和室内是人们活动的主要时间、空间。于是，光成

① 熊月之. 照明与文化：从油灯、蜡烛到电灯 [J]. 社会科学，2003 年第 3 期：94

为不可缺少的因素。特别是城市外部空间的灯光设计，使城市布景的舞台呈现出美轮美奂的夜城市色彩。为达成商业目的吸引更多眼球，整体印象是强对比的艳色调，高亮度比、高色度比，大量使用高饱和度的色光。夸张的舞台效果，明度对比、冷暖对比、色相对比、面积对比、位置对比都达到最强。

2.3　多元变化的智能时代

如果说火时代、电时代是照亮城市，智能时代就是创造城市。随着 LED 的普及和电脑调光调色的方便实现，几乎任何夜城市色彩都能廉价地、轻易地获得。技术已不是问题，塑造什么、怎样塑造成为关键。智能时代的照明成为一种有效手段。它能帮助人们塑造出另一个城市，实现"一城双面"。智能时代的夜城市色彩历史，当代人正在书写。本书试图为此尽一点力量。

第 3 章

色调：夜城市色彩类型

　　夜城市色彩具有"简单"的特征，即人（包括其掌握的科学技术）是唯一决定夜城市色彩的因素；大多情况下，夜城市色彩在感知上几乎约等于二维的绘画。因此，夜城市色彩可以有主色调，且每个城市的主色调由人来决定。

　　笔者通过对世界上 69 个城市和地区的夜景进行分析，发现夜城市色彩可以分为六大典型色调，以及两个不典型色调。从景观树木、商业区、灯光节等专项维度研究，也存在明显的色调规律，并与城市的典型色调相符。这些色调决定了夜城市色彩的类型。在火时代和电时代，光源决定夜城市色彩的面貌；智能时代，艺术效果起决定作用。因此，来自火时代、电时代的类型以光源命名，出现在智能时代的类型用绘画做比拟。于是产生了幽暗摇曳的火烛类型、明艳闪烁的霓虹类型、亮如白昼的电灯类型、浓艳的现代油画类型、精致的工笔淡彩类型、中等光亮的素描类型。在智能时代，夜城市色彩的效果更加多样、更加微妙。未来也许会出现更多的类型，比如写意的中国画类型、工笔重彩类型，等等。

部分国家城市和地区的夜城市色彩类型　　　　表4

说明：下列国家城市和地区，有些具有典型的色调；有些只是部分地区或大部分印象
是某种色调；有些出现在不同色调列表中，因其具有多种色调。

火时代的暗色调
京都、罗马、耶路撒冷、多伦多、拉萨、温哥华、摩纳哥、里约、焦特布尔、阿姆斯特丹、威尼斯、里昂、南锡、希腊、突尼斯、摩洛哥、莫斯科、布拉格、比利时、慕尼黑、汉堡、天鹅堡、迈森、德累斯顿、吕根、根特、埃德蒙顿、朗伊尔、赫尔辛基、巴塞罗那、鹿特丹、爱丁堡、巴斯、曼彻斯特、牛津、苏黎世、迪拜、蒙特利尔、拿波里港、函馆山港、哥本哈根、缅甸

电时代的亮色调
芝加哥、纽约、香港、新加坡、上海、悉尼、洛杉矶（主要指以上城市的商务办公区）

电时代的艳色调
拉斯维加斯、以下城市的商业区：纽约、香港、上海、台北、悉尼、首尔、深圳

智能时代的雅色调
东京、长崎、大阪、函馆山、牛津

智能时代的浓色调
柏林、科隆、南锡、里昂、巴黎、伦敦、赫尔辛基、巴塞罗那、曼彻斯特、上海、迪拜、函馆山、哥本哈根

智能时代的中等色调
伦敦、法兰克福、维也纳、波士顿、那布勒斯、巴黎、莫斯科、布拉格、华盛顿、卢米埃尔、缅甸、深圳、首尔、台北、墨尔本

3.1　火时代的暗色调——幽暗摇曳的火烛类型

火时代的暗色调是对夜城市色彩整体效果的一种比喻，指城市照明的光色、意境与火时代的效果类似，但已摒弃了其"愁怨、恐惧"等消极成分。

火时代的暗色调，夜城市色彩的氛围是安静、温暖的。汉语中"灯火通明"就是形容此色调的。灯与火同在，一起带来光明。虽然城市整体亮度不高，但不乏生气。因为火时代的照明来自热辐射光源的连续光谱，色温低，暖洋洋的光晕被浓浓的阴影衬托，摇曳的光给影子注入了生命。曾有雕塑家专门用烛光照明作品，就是用光影闪烁让雕塑活起来。光的运动节律仿佛火的自然跳动，除渲染温暖

外绝不会破坏夜独有的安详。朱自清在著名的散文《春》中这样写道：
"傍晚时候，上灯了，一点点黄晕的光，烘托出一片安静而和平的
夜。"[①]火时代的暗色调符合人在夜间的生理节奏。"那偶然闪烁
的光芒，就是梦的眼睛了。"[②]这样的灯光与夜间的自然光结合良
好。月光、星光、萤火虫光等的自然恩赐，在火时代的暗色调中熠
熠生辉。"灯与月竟能并存着，交融着，使月成了缠绵的月，灯射
着渺渺的灵辉"[③]。因为"灯光究竟夺不了那边的月色；灯光是浑的，
月色是清的，在浑沌的灯光里，渗入了一派清辉，却真是奇迹！"[④]

　　属于火时代暗色调的城市很多，尤其是历史悠久的古城、规模
不大的小城。当然，一些经济不甚发达的城市也属于此类，比如印
度的焦特布尔、巴西的里约热内卢等。但它们的夜城市色彩未经过
规划，不能给人完整的体验。本章不讨论各色调中不典型的城市，
它们的整体效果不理想，在问题分析的章节可能会被提及。

　　属于火时代暗色调的典型城市，还可以细分为三类，古代型、
现代型、混合型。古代型的例如罗马、爱丁堡、京都、摩纳哥，虽
然它们的自然地理、人文传统都极不相同，但都拥有悠久的历史。
整个夜城市色彩笼罩在暖暖的氛围中，阴影是必不可少的部分，光
与影一起勾画出古建筑典雅、厚重的大轮廓；如古典主义油画，似
现代木刻，更仿佛老式留声机传出的幽幽的曲子。

　　【案例 1】古代型的罗马、爱丁堡、京都、摩纳哥

　　罗马、爱丁堡、京都、摩纳哥等城市的暗色调亮度不高（图 3-1），
在 L1 ～ L6 级范围。夜城市色彩整体上与夜幕的亮度比低（D1 级）；
局部亮度比大，小面积的明亮与大面积的黑暗形成中等强度的对比，
属于 Z2 级，即目标与环境的亮度比约 5 ： 1。影子面积大，强化

---

① 朱自清．朱自清散文精选 [M]．北京：人民文学出版社，2008：84
② 朱自清．桨声灯影里的秦淮河．朱自清散文精选 [M]．北京：人民文学出版社，2008：9
③ 朱自清．桨声灯影里的秦淮河．朱自清散文精选 [M]．北京：人民文学出版社，2008：12
④ 朱自清．桨声灯影里的秦淮河．朱自清散文精选 [M]．北京：人民文学出版社，2008：11

图 3-1　古典型的罗马（图片来源：谷歌图片）爱丁堡（图片来源：图虫网）

了亮度对比。烛火的闪动使影子摇曳，生命感油然而生。2000K 左右的低色温白光使得色相在暖色范围，色度比属于 SD1 级的弱对比。由于 L1 ～ L6 的亮度等级属于中间视觉，色彩感不强，物体在暖黄色的灯光笼罩下，呈现同一或类似色相对比。

【案例 2】现代型的多伦多、温哥华

火时代暗色调中的现代型夜城市色彩，多集中在加拿大，如多伦多、温哥华（图 3-2）。加拿大这个国家的夜城市色彩都较暗，即使是灯光节的效果也较其他地区暗淡。它的大都市并没有具有电时代的亮色调，而是归为火时代暗色调。这些现代大都市的暗色调与历史古城的不同，它们是现代型的。光的色温提高了（约 3000 ～ 5000K），冷光、白光多起来。但整体亮度仍不高，在 L1 ～ L6 级范围；亮度比中等，属于 Z2 级，色度比属于 SZ2 级

图 3-2　现代型的多伦多（图片来源：百度图片），温哥华（图片来源：谷歌图片）

的中等对比。夜城市色彩的画面明朗了些，但仍是静静的，有着长长的影子。城市在光与影的交织中，像笼着轻纱的梦。梦有的近，如多伦多已在现代的车上；有的远，如温哥华，正从古代走来，其暖暖的低色温光仍占相当比例。

混合型的城市较多，它们并不是没有特点，而是在火时代暗色调的整体效果上添加了其他色调的特征，使得城市别具特色。最多的混合型城市是增加了智能时代浓色调的效果，特别是在灯光节期间，或在城市的重要地标、节点、边界等处。如里昂、南锡、赫尔辛基、曼彻斯特、哥本哈根等。另外的城市，如莫斯科、布拉格，混合了智能时代中等色调；加拿大的蒙特利尔、埃德蒙顿，混合了智能时代的淡色调；牛津混合了智能时代的雅色调。混合型的城市将在其他色调的论述中阐述。

3.2　电时代的亮色调——亮如白昼的电灯类型

电时代的亮色调不是比喻，而是对夜城市色彩整体效果的真实描述。1879 年白炽灯的发明标志着电时代的开始，电灯带给夜晚的城市外部空间史无前例的光明。随着科技的迅猛发展，各类灯具不断更新，光效、照度水平持续提高。此时的灯光不再是渺渺的、昏黄的，更不是摇曳的了。没有了晕的灵辉，只剩下"光亮眩人眼目"[1]，令人"纤毫毕见"[2]。电时代的亮色调经历了雪亮、平庸的阶段后，渐渐走向成熟。灯光设计师们以追求昼光的自然、明亮为己任，通过精妙的布灯、配光等设计，实现如沐阳光的舒适体验。不管怎样，"亮色调"是文明进步的象征，是人类的力量强大到足以在宇宙中留下痕迹。记得有个科幻小说的主人公，在太空中与地球断绝通信之后，就用望远镜观测地球夜晚的景象。当他发现漆黑一片时便彻底绝望了，夜城市色彩的消失意味着人类的灭亡。

【案例 3】电时代亮色调的芝加哥

属于电时代亮色调的城市以国际化大都市为多。其中芝加哥最为典型（图 3-3）。从密歇根湖湖滨的城市边界望过去，芝加哥漂浮在明亮的水面上。建筑以内透光为主，5000 ~ 6000 K 为主的中高色温占主导地位。虽不再强求"不能瞎眼睛"——每个窗户在夜晚都是亮的，但城市各个建筑都具有较高的亮度等级（L7 ~ L10 级）。在明视觉条件下，夜城市色彩整体与夜幕的亮度比高（G4 级）。但局部看，亮度比低 D1 级（目标与环境的亮度比约 3：1），整体效果均匀、统一而明亮。人尺度的照明亮度很高（L9 ~ L10 级），与夜空的对比强烈，"亮如白昼"是最好的形容词了。芝加哥的亮色调很纯粹，只有白光色温冷暖的微差，很少彩色的掺杂，呈现极简的明度对比，好似低调奢华的高级定制。很多现代都市的夜城市色彩都追求电时代亮色调的效果，特别是现代办公区，但都没做到芝加哥的纯粹、完整。这里面有规划设计的问题，也有管理控制的问题，是城市生活、精神气质的综合体现。另外，芝加哥的商务办公特质突出，较少性格鲜明的商业区，也是形成纯粹的电时代亮色调之原因。

【案例 4】亮色调加艳色调的纽约

纽约（图 3-4）的夜城市色彩基本等于芝加哥的亮色调加上艳色调。亮色调是大面积的底色，由办公、商务等功能决定；艳色调

---

[1] 朱自清. 朱自清散文精选 [M]. 北京：人民文学出版社，2008：12
[2] 同上

出现在商业区和节庆时段，受特殊时空的限制。

【案例5】依靠地标的悉尼

如果没有地标的话，悉尼（图3-5）的夜城市色彩便毫无特色，几乎无法辨别城市的身份。在典型的亮色调基础上，悉尼增加了小面积的高饱和度色彩。但这些仍不足以成为识别城市的特征。只有当悉尼歌剧院的灯光亮起的时候，这个城市才醒来。灯光节时，悉尼歌剧院以电时代的艳色调闪亮登场，更让整个城市的色彩沸腾起来。

电时代亮色调的城市大多数是混合型的，如纽约、香港、新加坡、悉尼、上海等，它们在临水的城市边界、商业区、城市地标等处混合了电时代的艳色调。如果只看光色效果，模糊掉画面形状，将无法区分这些城市到底是谁，这是不是夜城市色彩在世界范围内的千城一面呢？

3.3 电时代的艳色调——明艳闪烁的霓虹类型

电时代的艳色调主要由霓虹灯构成，它的饱和多色、运动变化，描绘出夜城市色彩繁华艳丽的画面。艳色调的出现与亮色调同步，主要为满足商业目的，提高诱目性。霓虹招牌、广告灯箱等光色炫目，夜城市色彩表现出极端的明暗对比、高饱和度的补色对比、主从的面积对比等。运动，尤其是快速的运动、闪烁是电时代艳色调的又一特点，更加强了吸引眼球的功效。但是，霓虹灯的光谱不连续，很多微妙的光色、渐进的过渡无法呈现出来。这些局限并不影响电时代艳色调达成渲染商业气氛的目标。

【案例6】典型的艳色调，拉斯维加斯

属于电时代艳色调的城市以拉斯维加斯最为典型（图3-6）。这个在沙漠中建起来的人造城市，白天酷热难耐，建筑也并不精致可人。夜幕降临之后却换了天地，人间天堂般惊艳。甚至可以说，拉斯维加斯完全靠夜城市色彩打造出诱人的赌城。虽然霓虹灯的光

图3-3　电时代亮色调的芝加哥（图片来源：谷歌图片）

图3-4　电时代亮色调的纽约（图片来源：谷歌图片）

图3-5　电时代亮色调的悉尼，无地标难辨身份（图片来源：百度图片）

图 3-5

图 3-3

图 3-4

色不丰富，但恰当的色彩关系也能营造出繁华绚烂的艳色调。

首先，城市与夜空的明度对比达到最强（图 3-7），这是电时代的主要特点。利用电时代的科技，大面积的泛光照明消除了火时代的阴影，几乎只有黑、白两个明度层次，属于 Z1/G3/G4 级中高亮度比。更重要的是，拉斯维加斯的夜城市色彩由大量高饱和度的色光形成，发生赫尔姆霍—科耳劳奇效应 Helmholtz–Kohlrausch effect，产生了彩色亮度。虽然仪器测量的亮度在 L7 ~ L9 级，并不比电时代的亮色调高，但人们的感知亮度却提高很多。在使用高饱和度色光时，出现了 SG1/SG2/SG3 所有高等级的色度对比。色相对比达到最强，不是互补色就是色相差距较大的中差色、对照色成对出现（图 3-8）。此外，城市外部空间中各个色彩的面积关系、位置关系也经常出现强对比（图 3-9）。在表现拉斯维加斯的经典

| 图 3-6 | 图 3-7 |
| 图 3-8 | 图 3-9 |

图 3-6　艳色调的拉斯维加斯（图片来源：百度图片）

图 3-7　城市与夜空的明度对比很强（图片来源：百度图片）

图 3-8　色相对比达到最强（图片来源：谷歌图片）

图 3-9　冷暖关系、面积关系、位置关系均达到强对比（图片来源：百度图片）

画面上，我们经常能看到蓝色的球状广告柱被金黄色的楼体包围，形成面积的主从强对比、位置的包含强对比、冷暖强对比、补色强对比。当所有的色彩关系都达到最强时，电时代的艳色调就形成了。这种色调创造了花花世界的诱惑，写满了世俗的欢愉，使人不禁想到老子"五色令人目盲"的说法。中国古人虽没有看到今天拉斯维加斯的夜城市色彩，却早已预见到这种色调对人的影响了。

电时代艳色调成为城市的主色调，目前只有美国的拉斯维加斯了。更多的情况是，这种色调被用在国际大都市的商业区，以及城市的重要边界上。夜城市色彩是混合型的大都市多属于此类。

【案例7】纽约时代广场的艳色调

纽约的时代广场是个典型（图3-10）。各类广告灯箱主导了城市风貌，形成电时代的艳色调。这些灯箱除了高饱和度的色相对比、强烈的明度对比外，更为突出的是面积的对比。众多广告、标志散发着光色，汇聚成发光面，与暗沉的楼宇（即使有零星的内透

图3-10 纽约时代广场的艳色调（图片来源：百度图片）

图3-11 香港临水边界的艳色调（图片来源：谷歌图片）
图3-12 悉尼临水边界的艳色调（图片来源：百度图片）

图3-11 | 图3-12

光）、深邃的苍穹形成强对比。当亮点集成亮面之后，夜城市色彩的力量就变得巨大，美国式的夸张、商业消费的欢乐都被表达得淋漓尽致。

国际大都市，比如香港、悉尼的临水边界，通常都被电时代的艳色调浓妆艳抹了（图 3-11、图 3-12）。好像 20 世纪 90 年代婚纱摄影刚兴起的时候，化了妆的新娘都那么像。新郎不仔细看，真有可能拉错了手。这种现象在电时代似乎无法避免，但科技更发达的智能时代就不该出现这类世界范围的千城一面了。

临水边界的夜城市色彩同样遵循艳色调的规律，各种对比都达到最强。水面倒影放大了色彩的面积，进一步加强了对比关系。与昼城市色彩一致的是，吸引人的城市边界除天际线起伏错落、建筑布局疏密有致外，各建筑间还有色彩的冷暖对比、明暗变化。

高亮度、高饱和度的互补色成对出现，即亮度比、色度比都达到最强，是电时代艳色调的突出特征。这种特征用来渲染商业气氛最为合适，塑造城市边界景观时就显单调了，当用来表达植被、树木的夜间色彩时就出现了更多的问题。

【案例 8】反例，国内常见的塑料假树

如图 3-13，是目前国内常见的树木景观照明效果，把生机勃勃的树照成了塑料假树。这是典型的电时代艳色调，色光的饱和度过高，色相选取概念化。既没有再现树木白昼的色彩，又没用色光的冷暖变化塑造出新形象，所以产生了生硬、不真实的效果。

图 3-13　反例，不当的光色产生"塑料假树"（图片来源：百度图片）

3.4　电时代的次亮色调

属于电时代次亮色调的城市，其夜城市色彩的性格不突出，比如墨尔本。另还有在次亮色调基础上混合其他色调，如深圳、首尔、台北等。

3.5　智能时代的雅色调——精致的工笔淡彩类型

日新月异的照明技术，特别是 LED、OLED 等的出现，将夜城市色彩带入智能时代。智能时代的特点就是能极大地满足人的多元需求，表达微妙的情感。这个时代的夜城市色彩丰富多样，既可以明亮艳丽，也可以幽暗浓郁，更可以清雅微妙。科技的发展使连续的光谱、精准的控制成为可能，因而夜城市色彩可以全彩变色，更贴近人的意愿，更准确反映城市的文化性格。

智能时代的雅色调由一系列明亮的、有轻微色彩倾向的色构成，营造了典雅、精致的氛围。以东京、长崎为代表的日本城市属于这个色调（图 3-14）。

【案例 9】雅色调的东京

东京的夜城市色彩整体明亮，经统一规划、严格管理的建筑内透光色温协调。人尺度的暖色白光（约 3000 ~ 4000K）与城市尺度

图 3-14　雅色调的东京（左图图片来源：谷歌图片，右图图片来源：百度图片）

的冷色白光（约 4000 ~ 6000K）形成舒适的中等强度对比。夜城市色彩的亮度约 L7 ~ L8 级，亮度比在 Z1/Z2 中等级范围。除了商业区外，高饱和度的、补色的强对比很少出现（图 3-14），色度比在 SZ2 中等范围。东京的地标——634 米的晴空塔（Tokyo Skytree）集中诠释了雅色调（图 3-15）。它的色彩主要由金色、粹色和雅色三个基本色，以及一系列混合色组成。2075 台 LED 照明设备被分为 6 组，设计了精准的控制系统，以保证呈现出一系列微妙的色彩效果。明亮的白光冲淡了黄色的饱和度，呈现出"金"色；亮蓝色诠释了玲珑"粹"的色彩。这两个色虽然从色相角度看是互补的，但明度的提高、饱和度的降低，使得色度比减弱为中等强度 SZ2 级，既诱目又不失雅致。"雅"色为亮紫色，在与其他色组合时同样呈中等强度的色度比，晴空塔的其他色彩方案也保持着此关系。

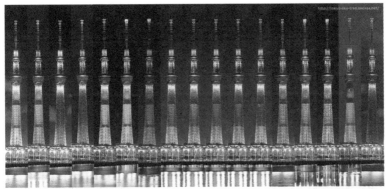

图 3-15

图 3-16 | 图 3-17

图 3-15　东京晴空塔诠释了雅色调（图片来源：百度图片）
图 3-16　拉斯维加斯艳色调的摩天轮（图片来源：百度图片）
图 3-17　东京雅色调的摩天轮（图片来源：谷歌图片）

　　当比较着看时,雅色调的特点更鲜明。如图 3-16、图 3-17,同为摩天轮,拉斯维加斯的电时代艳色调,以高饱和的补色强对比进行诠释,色度比是 SG1 级;东京的智能时代雅色调则选了两个明亮的临近色、中等饱和度,色度比是 SZ2 级;同时,色彩面积减小,其整体的色彩关系呈中等强度的对比。

　　不同的色调携带着不同的文化信息,表述着不同的精神气质。西方外向的人本主义,强烈的人造美追求,通过电时代艳色调的强对比表达出来;亚洲文化的内敛倾向,崇尚自然的美学标准,造就了智能时代的雅色调。在植被树木的表现上,雅色调发挥得淋漓尽致。

　　如图 3-18 可见,雅色调的照明不改变植被景观在昼间呈现的色彩,但又不是简单地以白光再现。它使用与植被色彩一致色相的、中低饱和度、较亮的光(亮度等级约 L7～L8 级),给植被增光添彩。由此获得的草木夜间色彩既再现了自然,又美过自然,很好地诠释了东方美学。

图 3-18　雅色调的植物照明——夜樱〔图片来源:谷歌图片〕

图 3-19 东京商业区将艳色调与雅色调混合（图片来源：谷歌图片）

　　东京商业区的夜城市色彩，将电时代艳色调与智能时代雅色调进行了混合（图 3-19）。同样是高饱和度、补色强对比，由于整体亮度（亮度等级约 L9 ~ L11 级）的提高冲淡了色彩的浓度，降低了色彩对比的强度（色度比大致在 SZ1 中等偏高的范围），艳色变得雅致起来，这应该源于城市整体精神气质的影响。在东方的文化性格中，商业的繁华也变得优雅起来。

3.6 智能时代的浓色调——浓艳的现代油画类型

　　浓色调是智能时代夜城市色彩的西方解答。西方追求人造美，白昼所不能见的浓郁美艳、多色构成、几何夸张的场景，在夜城市色彩中要自由呈现。智能时代的照明及控制技术提供了挥洒的可能。这种浓色调通常与火时代暗色调组合，营造浓厚的艺术氛围。德国的城市，特别是柏林、科隆很典型。此外，欧洲的里昂、南锡、巴黎、伦敦、曼彻斯特、赫尔辛基、哥本哈根等也混合了浓色调的特征。

　　【案例 10】浓色调的柏林

　　如果说东京的夜城市色彩是明媚的粉彩画，那柏林的就是古典的油画（图 3-20），在厚重的酱油调子上添加了彩色。柏林的智能时代浓色调整体亮度不高，亮度等级约 L3 ~ L7 级。局部亮度对比强（亮度比在 Z1 级），光与影同在，但没有大面积的艳色。

彩色饱和度高，但亮度低，形成浓浓的印象，似乎更加大了饱和度。由于光谱两端的饱和度分辨力高，所以蓝、紫、红等色光常被用在浓色调。色彩组合时，色相对比通常较强，不是补色对比，就是中差的强对比，色度比在 SG1/SG3 范围。但低明度的浓厚色将这种强对比融化在淳淳的背景中，仿佛彩色天鹅绒般低调而奢华。

柏林的浓色调多出现在历史建筑上，深邃的传统、厚重的艺术仿佛檀香般在夜空中弥漫着。这种香浸染了草木，它们也浓郁芬芳起来。把智能时代的浓色调比作浓墨重彩是最恰当不过的了。这些树的夜色彩不是昼间的真实再现，而是人心中期待的模样（图3-21）。各种色相的高饱和色都被尽情使用，包括真实树木不可能呈现的蓝色。虽然色彩是虚假的，但效果却是逼真的，仿佛那些树天生就该是蓝色的一样。如第 1 章所述，人眼的生理特征和多个色貌现象使得蓝色成为极具表现力的色光。这些树木的蓝色与周围色

图 3-20　浓色调的柏林（图片来源：谷歌图片）

图 3-21

图 3-22

图 3-21　柏林浓色调的树木
（左图图片来源：百度图片，中、右图图片来源：谷歌图片）

图 3-22　柏林商业区的浓色调被打散了（图片来源：作者自摄）

彩的关系恰当，其本身的亮度适中，照亮的面积大小、位置合适，并通过光源的合理安放避免了眩光，制造出了层次。这些浓色调的树木夜色彩，色相对比都很强（色度比 SG3 级），但较低的明度把强对比降为中等对比，获得艳而不闹的效果。

柏林商业区的夜城市色彩并不鲜艳，它将浓色调小心地打散了，显示出德意志民族特有的严谨和谦逊。柏林动物园地区的商业（图 3-22），彩色的面积更小。如果内透光的橱窗更换成无彩色，就剩下几个彩色光点了。不管怎样，夜城市色彩的整体亮度仍较低（约 L6 级），高饱和度的彩色也因低亮度而浓郁着，此商业区仍属于智能时代的浓色调。

3.7　智能时代的中等色调——中等光亮的素描类型

　　智能时代的中等色调整体上比浓色调明亮，以白光为主，兼具冷暖。中等明度的冷暖对比是其特征。这种色调的夜城市色彩多出现在历史积淀深厚、现代文明又发达的大城市。

　　【案例11】中等色调的伦敦

　　伦敦是最为典型的中等色调，她的夜城市色彩比昼间的成功（图3-23）。白天的城市色彩混杂着传统与现代，关系冲突的较多，因而略显混乱，但夜城市色彩却堪称完美。色彩的明度中等，其对比关系也是中等，亮度比在 Z1/Z2 级范围。虽然在历史建筑上能看到火时代暗色调的影子，但它与暗色调不同的是，光亮的面积大了，深色的阴影较少，光与影不同在。虽然还是低色温的暖色，但

图3-23　中等色调的伦敦（图片来源：谷歌图片）

明度比暗色调高、比亮色调低，亮度等级约 L5 ~ L7 级。现代建筑以内透光为主，色温提高了，但并不是冷白色，约 4000K 左右。伦敦的夜城市色彩中，高饱和度的彩色不多，只在城市地标等处使用，呈现智能时代浓色调的效果。

法兰克福、巴黎的夜城市色彩与伦敦一样，在典型的中等色调之上混合了浓色调。缅甸则混合了中等色调和火时代的暗色调。

【案例 12】纯粹的中等色调，布拉格、莫斯科、华盛顿

智能时代的中等色调还有另一个类型，其特征更加纯粹。代表城市是布拉格、莫斯科、华盛顿（图 3-24）。她们使用白光，或者稍有色彩倾向的冷暖光，以中等明度的冷暖对比塑造空间层次。色度比虽然是 SG3 冷暖对比，但因白光而降为中等强度。

图 3-24 纯粹的中等色调，布拉格、莫斯科、华盛顿
（左图、右图图片来源：谷歌图片，中图图片来源：昵图网）

【案例 13】中等色调、低饱和度的植被树木

谈到中等色调，不能不讨论各类低饱和度的植被树木的夜色彩，也得谈一下中等色调的商业区域夜色彩效果。

不使用高饱和度的色光，打造植被树木的夜色彩主要依靠形状，以或暖或冷的白光勾画出树的枝丫和姿态（图 3-25）。由于没有色彩的渲染，树的形状就要表现得丰富、精彩。一般的做法是把树的每个枝丫都用灯串小心缠绕，好像用光笔在黑纸上白描。由于德意志民族天生的严谨、精密，这种手法最早出现在柏林的菩提树下大街上。在智能时代，树还可以成为光的媒介。低饱和度的光既不勾画树的形状，也不再现昼间树的色彩。这些光携着各种图案投射到树上，成为另类的景观（图 3-26）。

图 3-25　中等色调、低饱和度的植被树木（左图图片来源：作者自摄，右图图片来源：百度图片）

图 3-26　树成为光的媒介（图片来源：百度图片）

图 3-25 ｜ 图 3-26

【案例 14】低饱和度的古城商业区

低饱和度夜色彩的商业区通常出现在古城。欧洲的古城、历史街区保存完好，不只是昼间的城市色彩，夜城市色彩也不会沾染现代的浮躁。意大利佛罗伦萨掌灯时分的商业街仍很安详（图 3-27）。店铺的招牌只是发光的字，且字是白光的，未用五彩的霓虹。在稍微热闹些的街区，店铺的招牌开始出现彩色。但也是小小的字，一点点彩，对沉浸在古城火时代氛围中的商业区几乎没有任何影响。甚至以时尚闻名的米兰，她的商业区也保持着火时代的安静、祥和（图 3-28）。没有五彩灯光的变幻，连在纽约时代广场肆意铺张彩色的麦当劳也内敛、优雅起来，小心地用内透光招揽客人。可见，历史街区、古城的保护是全方位的，昼夜的城市色彩都应是保护的重要内容。更为重要的是，保护古城是保护氛围，留住古城那种穿透时空的千年幽香，那些弥漫在空气中的远古余音。在智能时代，人们有能力改善古城的生活功能，同时保持火时代的光影体验。

3.8　智能时代的淡色调

【案例 15】淡色调的蒙特利尔、埃德蒙顿

智能时代的淡色调比较特殊，出现在加拿大的夜城市色彩，以蒙特利尔、埃德蒙顿最为突出（图 3-29）。她们的淡色调印象主要来自灯光节，平日是安静的火时代暗色调。灯光节时，夜城市色彩的整体效果仍较暗，亮度不高（亮度 L4～L6 级），无巨大的影子，亮度比在 Z2/D1 中低范围，柔和、舒适、均匀；以彩色光为主，但饱和度都不高，亮度也较低，色度比在 SZ2/SD1 中低范围。

综上，不同色调类型的夜城市色彩特征归纳如表 5。

图 3-27

图 3-28

图 3-27　意大利佛罗伦萨低饱和度的古城商业区（图片来源：作者自摄）

图 3-28　意大利米兰商业区保持火时代的安详（图片来源：作者自摄）

图 3-29　淡色调的蒙特利尔（图片来源：百度图片）

3.9　各种色调类型的灯光节

灯光节是夜城市色彩的华彩乐章，但每个城市的文化性格不同、城市精神各异，因而"彩"的方式也各不相同。这些城市可以分为三大类两小类。

【案例16】悉尼灯光节，明艳闪烁的霓虹类型

最常见的一类属于明艳闪烁的霓虹类型，整体视觉效果明亮、鲜艳、动态、对比强。悉尼灯光节很典型（图3-30）。悉尼的夜城市色彩特征并不突出，是电时代的亮调子。然而，当地标建筑——悉尼歌剧院被照亮时，夜城市色彩一下子绚烂夺目、独一无二起来。高饱和色相的冷暖、补色对比呈现在歌剧院上，其整体的高亮度与夜空形成明度强对比。亮度比（G1/G2/G3 级）、色度比（SG1/SG2/SG3 级）都达到最强。水中倒影加大了色彩的面积，进一步强化了对比。

【案例17】日本的灯光节，精致的工笔淡彩类型

第二种灯光节的效果主要出现在日本，是夜城市色彩诠释东方文化的很好例证。这类灯光节属于精致的工笔淡彩类型，明亮、淡雅、细节耐看。东京、长崎等城市的夜色彩整体上也属于这个调性类型，灯光节进一步强化了其特征（图3-31）。亮度整体较高（约

L8～L10级），与夜空形成中强的明度对比。色相选择以邻近色为主，饱和度中高，保持中等对比（色度比 SZ1/SZ2）。色彩被各种形状打碎，几乎没有大块面的。不知是对日本多见的小叶植物细碎效果的模仿，还是岛国设计精细的习惯，模仿自然的美学标准和文化性格，创造了精致的工笔淡彩类型灯光节的效果。

【案例18】欧洲的灯光节，浓艳的现代油画类型

第三种灯光节的效果来自欧洲，以德、英、法为主，属于浓艳的现代油画类型（图3-32）。色彩的饱和度很高，而亮度不高，与夜空的明度对比是中弱的（亮度比 Z2 级）。色相大胆使用冷暖、补色强对比，大块面积的色彩构成（色度比SG1/SG3级）。与载体（建筑墙面、树木植物等）的形状、昼间的色彩相关或无关的色彩组合，塑造了惊艳的夜城市色彩效果。现代色彩科学、色彩构成理论最早在西方出现和传播，应该是此类灯光节效果的文化根源了。

图 3-30　悉尼灯光节，明艳闪烁的霓虹类型（图片来源：百度图片）
图 3-31　日本的灯光节，精致的工笔淡彩类型（图片来源：百度图片）
图 3-32　欧洲的灯光节，浓艳的现代油画类型（图片来源：百度图片）
图 3-33　耶路撒冷灯光节（图片来源：百度图片）

| 图 3-30 | 图 3-31 |
| 图 3-32 | 图 3-33 |

【案例 19】介于东西方之间的灯光节，耶路撒冷、莫斯科

另一小类灯光节介于东西方效果的中间，耶路撒冷比较典型，在莫斯科也能见到端倪（图 3-33）。这类灯光节的明度对比中等（亮度比 Z1/Z2 级），饱和度中等（色度比 SZ2/SD1 级），最大的特征是色彩被图案细分，细节多起来，很少见到大面积的单色。不知是共同的宗教，还是民族的迁徙、融合，使这两个地理位置并不相近的城市，在夜城市色彩上有了共通之处。可见，夜城市色彩的人文主导作用很强大。

【案例 20】暗、淡的灯光节，加拿大

最后一个小类的灯光节是较暗的、淡的，出现在加拿大（图 3-29）。整体亮度较低，与夜空的明度对比弱（亮度比 Z2/D1 级），饱和度中等，色相以邻近色、中差色组合为多，中低对比（色度比 SZ2/SD1 级）。加拿大的夜城市色彩具有暗、淡的特征，是民族、宗教的人文因素所致，还是寒冷的地理位置决定的，其原因有待进一步研究。

总之，欧洲的灯光节追求人造美，用色大胆，运用大色块、现代构成的手法。典型的如德、英、法。亚洲的灯光节探索自然美，如日本，是典雅、亮白的效果，且精致耐看，融合了东方文化、岛国风格。具有过渡效果的是耶路撒冷、莫斯科，使用图案，色彩有更多细节。比较极端的是以悉尼灯光节为代表的，具有电时代艳色调的一大类，明亮、艳丽、运动。另一个极端是加拿大的灯光节，整体效果暗、淡，色彩面积小。

3.10　色三角表达的各种色调类型

日本色彩研究所 1964 年发表的 PCCS（Practical Color Coordinate System）色彩体系把明度、纯度整合成色调（图 3-34a）。在色立体的色三角中，把前文所述的夜城市色彩各个色调类型置于其间，

可以清楚地看到它们相互的关系。如图 3-34b，城市有 6 个典型色调，位于三角形顶端的是电时代的艳色调、电时代的亮色调和火时代的暗色调。智能时代的三种色调位于中间的小三角形，分别是智能时代的雅色调、浓色调和中等色调。可见，智能时代技术高度发展，我们可以得到更微妙、丰富的光色，使得色调三角形被充满。而之前以光源命名的色调类型，只能产生比较极端的色调，或艳或亮或暗。树木也有 6 个典型色调（图 3-34c），与城市的色调呼应一致。商业区、灯光节都有自己的色调，但并不覆盖整个色三角（图 3-34d、图 3-34e）。有些色调更微妙，所以不在典型色调的位置。

　　当下，智能时代有两大趋势，亚洲的典雅精致一些，欧洲的浓艳夸张一些。未来也许会出现更多、更丰富的类型。我们在规划设计某个城市夜城市色彩的实践中，可以某个色调为主，添加其他色调，以强化城市的精神气质，创造充满特色的夜间氛围。

图 3-34a　色三角表达的各色调类型——色三角
（图片来源：百度图片）

图 3-34b　色三角表达的各色调类型——城市
（图片来源：作者自绘）

图 3-34c　色三角表达的各色调类型——树木
（图片来源：作者自绘）

图 3-34d　色三角表达的各色调类型——商业区
（图片来源：作者自绘）

图 3-34e　色三角表达的各色调类型——灯光节
（图片来源：作者自绘）

第 4 章

画面：构图、色彩、层次

　　昼间阳光普照，城市容器中所有事物都呈现出色彩。人们被昼城市色彩包裹着，浸泡在复杂的直射、反射、透射的电磁波中。昼城市色彩如空气一般，在无意识中对人产生影响。当然，昼城市色彩也有精彩的视觉中心，形成景观画面，给人印象深刻。

　　夜晚，在室内，人造光形成的空间继续昼间的进程，浸泡着人，对人产生影响。而在城市外部空间，由于人造光照亮的地方总是局部（未来人造太阳出现后的情况另当别论），光及其导致的色彩对人的包被作用不明显，而落在视网膜上的画面成为主角。因为，夜晚的人们无论是在黑暗中还是在光照里，目光总是被明亮的东西所吸引。这是生存本能决定的向光性。人的视野范围有限（图4-1），在不转头的情况下，只有左右约35°，上下约30°范围的可见物清晰、完整地落在视网膜上。感知色彩的锥状细胞集中在视网膜的中央凹上（图1-14），使得在眼睛的正前方看色彩才是最理想的。于是，夜城市色彩被分解成一幅幅画面供人体验。所以，夜城市色彩具有二维性，好似人类在黑纸上作画。光笔做的画有好有坏，但那些能成为景观的画面一定符合绘画的一般规律。虽然西方油画以视觉饕餮为要务，中国画以心灵体悟为目标，但是，东西方绘画对画面的评判标准是一致的。好的画面在构图、色彩和层次三个方面都要禁得住推敲，甚至要有突出的表现。

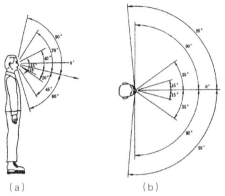

图 4-1　人的视野范围（图片来源：谷歌图片）

4.1　构图

南齐谢赫在《古画品录》中提出"画有六法"，其中一法是"经营位置"。明谢肇淛更明确指出，"即以六法言，当以经营为第一"[①]。怎样布局安排画面，决定了视觉吸引力的大小，决定能否将城市的精神气质成功传达给观者。人视野的局限性，使得研究视线范围内景观画面的构图布局成为必要。

4.1.1　取舍：讲一件事

夜城市色彩区别于昼间的最大特点就是它能够取舍，也必须取舍。太阳光免费把光明奉献给大地的每个角落，夜晚的人造光就不可能如此无私，节能是不容忽视的。即使拉斯维加斯，这个以夜景招揽人气的城市也不忘取舍，只在赌城集中的娱乐区使用较多照明，夜城市色彩有热闹也有安静。另外，人的生理节律在夜晚减缓，黑暗的夜幕给休息、睡眠提供了最好的条件。日落而息是人类漫长的进化过程中留下的习惯，不会因今日的科技而改变。所以城市居住的区域就不需要太多照明、太丰富的夜城市色彩，只要满足出行、

① 诸宗元 . 中国书画浅说 . 北京：中华书局，2010：69

安全便可。因此可以说，夜城市色彩只出现在人们认为需要的地方，是人为取舍的结果。

上述取舍是从功能出发的简单考量，是未经规划、设计的自发行为。专门的城市夜景规划对夜城市色彩更要做取舍，以期表述出城市独特的精神气质。无论白天的城市是千城一面还是特色鲜明，夜晚总有机会塑造出城市的另一面，表现出另一种个性。这时的取舍聚焦一个主题，始终讲一件事。

【案例 21】巴黎，取舍得当

巴黎的夜景很经典，尤其是从俯瞰的视角来观察（图 4-2）。它的取舍非常得当，只讲述"我是巴黎"这唯一的故事。高大的地标建筑当然是要被照亮的，但在夜城市色彩的构图上，埃菲尔铁塔后的德方斯现代建筑群被舍掉了。它们虽然高大，但不是巴黎的特色所在，如若同纽约曼哈顿般被照亮，埃菲尔铁塔就将被淹没，看不清故事的主角了。于是，在这个俯瞰的视野内，只选取了埃菲尔

图 4-2　巴黎，取舍得当
（图片来源：谷歌图片）

铁塔、荣军院两个地标做重点表述，其余几乎都属于功能性照明。仔细观察，这些照明形成的夜城市色彩同样是经过取舍的。埃菲尔铁塔下部有面积巨大的战神广场公园，并没有被照得明晃晃、绿莹莹，只把与铁塔同在一轴线上的建筑照亮。于是，埃菲尔铁塔竖向的暖色在其前后横向展开的暖色衬托下更加高大挺拔。暗沉的地面为挺拔的铁塔提供了坚实的基座。荣军院是具有罗马风格的集中体量，在视野画面中成为亮而暖的"点"，与埃菲尔铁塔这边的"线"再次形成对比和呼应。街道的功能性照明穿起了画面上这些明亮的钻石珠宝。主要道路的亮度明显高于其他，使得联络"线"主次分明，与道路功能匹配的色温也冷暖有别，使得画面的色彩耐看起来。

可见，取舍是夜城市色彩能形成景观画面的重要环节。那些能突出城市精神特色的要重点照亮、精心塑造；不能表现城市个性的，或者对表现城市特色有影响的则要被舍弃。取舍的原则是夜城市色彩要围绕一个主题，讲述一个故事。

【案例 22】东京晴空塔，取舍使之精彩

东京的晴空塔夜城市色彩很精彩，原因之一是做了恰当取舍。如图 4-3，晴空塔周边建筑不少，从隅田川沿岸望去，大体量的高层建筑呈现出欲和远处的塔媲美之势。可惜的是这两幢建筑并不出色，与晴空塔在一个视觉画面中几乎是败笔。夜城市色彩有重塑的魔力，借助夜色，这两幢建筑隐去了。虽然还有零星的内透光，但已无法与魅力四射的夜晚晴空塔相提并论。

夜晚的晴空塔好似一个颜值 5 分的姑娘，经过精心化妆成为"女神"。白天的晴空塔虽然有 634 米的高挑身材，但外貌还相对平庸。其一是上部两个扩大的部分——天望回廊和展望台造型平庸，与下部粗大的塔身一起看，更有粗笨之嫌。塔身的直径应该是出于结构安全考虑，钢骨架外露也是为了减少粗壮的印象，但效果不明显。通过恰当取舍，晴空塔的夜城市色彩最大限度地做到了扬长避短。首先让夜幕把不甚美观的两个扩大部分隐去了。其次在晴空塔极富

图 4-3　东京晴空塔，取舍使之精彩（图片来源：百度图片）

优势的高度上，找到多个比例恰当、韵律感十足的高度重点照明，精心渲染色彩。塔身实际上是分成三段的，比例优美，但白天不明显。光笔画出的夜城市色彩把它们清晰地展现了出来。更重要的是，通过色光给内部核心筒和外部钢架染上不同的色彩，塔身不再粗壮了，而是玲珑剔透地伫立在水岸边。当 10 万个蓝光 LED 化身萤火虫漂浮在隅田川河面的时候，以晴空塔为视觉焦点的画面更让人惊艳难忘，这就是夜城市色彩的魅力了。

4.1.2　主宾：一个主导

要成为画面就要有视觉中心，那是最吸引眼球的、最有趣的地方。这个中心是画面的主角，起主导作用。一般情况下，雷同、平均总会让人感觉枯燥乏味，这就是常说的"散""碎"。好文章应

103

该主次分明，好画面需要主宾得当。这样的夜城市色彩画面能清晰表达出城市的精神个性。

【案例 23】拉斯维加斯的巴黎酒店，热气球霓虹灯主导画面

提到拉斯维加斯的夜城市色彩，常会出现如图 4-4 的画面。这个画面在多个方面符合绘画的一般规律，首先便是有明确的视觉中心，即热气球状的霓虹灯。虽然仿制的埃菲尔铁塔是整个拉斯维加斯的地标，但暖黄的色彩已把它与酒店建筑连成一体，成为完整的背景。球状霓虹灯以各种强烈的对比从背景中跃然而出。蓝色与暖黄背景的冷暖对比（色度比 SG3 级），球状与铁塔的点线对比，球内部的蓝黄补色对比，以及字体和图案等细节，让热气球霓虹灯成为眼睛追逐的兴趣中心。虽然有原塔八分之五高度的埃菲尔铁塔也很吸睛，但在暖黄的灯光照射下，没有太多细节，成了画面中的配角。人尺度的树木、门面等更是隐在黑暗中，只满足功能照明而已。试想，如果那些高大的椰子树被照得翠绿鲜嫩，埃菲尔铁塔和远处的建筑也五彩纷呈，有很多主角在呐喊，这个画面该多么混乱，怎能表述出城市的鲜明个性呢？可见，一个主导的视觉中心非常必要。

图 4-4　拉斯维加斯，热气球霓虹灯主导画面（图片来源：百度图片）

对比白天的景象，热气球霓虹灯因其彩色仍是视觉中心，但强烈的阳光和阴影呈现出铁塔和酒店建筑的太多细节，也冲淡了热气球的彩色，画面的整体效果就比夜间逊色不少了。

【案例 24】伦敦威斯敏斯特宫，大本钟檐口的亮绿是主角

伦敦威斯敏斯特宫的夜城市色彩是又一经典画面（图 4-5）。仅从视觉中心角度看，它就非常成功。在伊丽莎白塔（大本钟）的檐口增加了一抹明亮的绿色，与暗沉的哥特尖顶形成明度强对比、鲜灰强对比。人眼对绿色光的波长分辨力高，能更灵敏地观察到它。用在中远距离观看的大本钟檐口，令此地标跳出画面、跃入眼帘，同时把视线引到亮白的钟面上。尽管维多利亚塔在高度上取胜，也被暖黄的灯光照亮，但它没有如此强烈的对比，退为客位。当视觉画面只有一个主角，即一个兴趣中心时，它表述的内容强烈而清晰。

图 4-5 伦敦威斯敏斯特宫，大本钟檐口的亮绿是主角（图片来源：谷歌图片）

【案例 25】反例，改造前的上海浦东

改造前的上海浦东夜城市色彩是个反例（图 4-6），画面缺少主角。虽然有多个多彩的色块，但每个色彩的面积都不够大，细节都不够吸引人，不能起主导作用，因而整体效果凌乱。似乎东方明珠电视塔要成为视觉中心，但被周边建筑争抢了视线。要凸显电视塔，就要统一其他建筑的夜色彩，形成一个完整的"面"；以"面"作为背景衬托电视塔垂直的"线"。同时，可以适当增加一些横向的"线"作为对比。电视塔本身要精雕细琢，使得视觉中心好看、耐看。电视塔不是一个大体量的"面"，用一种色光表现太过贫乏。应该通过显亮、染色恰当的地方，使其优美的比例呈现出来。

图 4-6　反例，改造前的上海浦东（图片来源：百度图片）

4.1.3　归纳：简化、轮廓、块面

在关于色彩的讨论中，总会提到形状，而且形状的重要程度似乎总超过色彩。其实，形状是色彩造就的，不同色域的边缘构成形状。视觉总是会被边缘吸引，误认为那是形状的力量，但归根结底还是色彩。一幅令人印象深刻的画面一定经过归纳，只有简化、概括的大块色彩才能把主题说得更清楚。

【案例 26】被夜城市色彩归纳的布拉格城堡

如图 4-7 的夜城市色彩画面，光笔在夜幕上把布拉格城堡联系了起来，创造出更大的暖黄色块面；近处的树木、建筑统统隐在夜色的暗块面中。一明一暗，强烈的明度对比把布拉格的象征凸显出来。布拉格这个历史悠久的城市，1000 多年来一直是捷克的政治中心，13 ～ 15 世纪成为中欧的重要经济、政治、文化中心。从公元 9 世纪至今，城堡一直是王室所在地和元首的居所。它在高高的丘陵上俯瞰着捷克的伏尔塔瓦河，也昭显着它对捷克人民和土地的统治。参看白天的照片，城堡的高大、神秘少了很多。近处层叠的红顶建筑更吸引人。取舍和归纳总是相伴的。夜城市色彩利用夜幕

图 4-7　被夜城市色彩归纳的布拉格城堡（图片来源：谷歌图片）

的优势，舍掉了近处的建筑、景观，将城市的灵魂——城堡部分归纳出完整巨大的色彩块面，明暗、光影因色块边缘简洁而更加强烈，表述城市的精神更有力量。

【案例 27】布拉格老城广场，被归纳成冷暖两大块面

布拉格的老城广场是城市的重要节点（图 4-8），夜城市色彩归纳成冷、暖两大块面来表现。圣维特教堂被简化成偏冷的高色温（约 6000 ~ 7000K）白色，围合广场的建筑则统一在暖黄的低色温（约 3000K 以下）泛光中。概括过的色彩轮廓清晰明了，既突出了圣维特教堂的视觉中心地位，又营造出温馨的广场氛围。

图 4-8 布拉格老城广场，被归纳成冷暖两大块面（图片来源：谷歌图片）

4.2 色彩

本书讨论的夜城市色彩属于广义色彩的一种，涵盖内容最多。此小节谈的"色彩"范畴已经缩小，约等于狭义色彩，但仍比"彩色"的范围大、内容多。第 1 章阐述了有关明暗的诸多术语，此部分主要用"明度"，也会视表意需要使用其他术语。

4.2.1　明度第一位

光是色之父，它首先给色彩，特别是城市色彩规定了明度的框架。昼间的城市色彩由自然光决定其明度特征，使得阴影中的、中等光亮的、光亮的城市具有不同的黑白灰层次。人只有顺应自然的明度规律，才能获得理想的城市色彩。而夜城市色彩的明度只与照明光源及物体的特征有关，最终由人的意愿决定。层次丰富的明度可以表达更丰富的内容，层次简洁则能说出更有力的话语。不同城市该具有怎样的明度框架，全由欲表述的城市精神来决定。

以光源命名的夜城市色彩类型，无论是火烛类型，还是电灯类型，甚至霓虹类型，如果去掉色彩，都只剩下明、暗两个层次。在黑色的夜幕上，这些传统光源只画了一个明度层次，明度的变化只因距离光源的远近而改变。以绘画命名的夜城市色彩类型则能够有黑白灰的明度框架，呈现出微妙的层次和渐变。因为此时的光源，如 LED 已经能被精确控制，调光可以做到明暗的多变，这是智能时代的进步，是夜城市色彩成为艺术的重要原因。未来，当出现普照大地的"人造太阳"时，如阴影中城市的、全亮的、一个明度层次的夜城市色彩也能做到，但现在笔者还无法判断它的必要性。

明度与色彩（此小节讨论的是狭义色彩）的关系好似中国画的笔墨，若明度是笔，色彩便是墨；明度是骨骼，色彩就是肌肉。以光源命名的夜城市色彩类型，不是有笔无墨，就是有墨无笔。

【案例 28】明暗两个层次，有笔无墨的罗马、芝加哥

如图 4-9，罗马的夜城市色彩属于火烛类型，它的魅力在于幽暗摇曳。明度只有亮暗之别，夜城市色彩整体与夜幕的亮度比为 D1 级，属于弱对比。芝加哥的夜城市色彩属于电灯类型，明度大幅提升（亮度 L7 ～ L10 级），但仍只有明暗两个层次，整体亮度比 G4 级，属于强对比。它们的夜城市色彩效果可谓"有笔无墨，

图 4-9　明暗两个层次，有笔无墨的罗马、芝加哥（图片来源：百度图片）

骨胜肉"[①]，即只有骨骼没有肌肉。虽然从光源的角度看，这两种类型已经落后，但其效果还是独具特色的。当城市精神的表述需要直接的、简洁的表达时，特别是表达某种历史感或某种城市功能时，可以适当应用，以新型光源实现同样的效果。

【案例 29】明暗一个层次，有墨无笔的纽约商业区

如图 4-10a，纽约时代广场的霓虹灯形成的夜城市色彩，去色后明度几乎只有一个层次，是一种整体比较明亮的弱对比，即亮度在 L9 级，但亮度比很低（D2 级），呈平板感。这个画面是典型的"有墨无笔，肉胜骨"[②]，即色彩丰富，但明度基本一致，没有骨骼框架的作用。在城市的商业地带，这种亮成片又多色彩的情况很常见（图 4-10b）。虽然商业区域内部的明度对比不强，但较高亮度下的色彩对比已足够吸引人气了。因此，高亮度下的色彩对比是营造商业氛围的有效手段。

---

① 诸宗元 . 中国书画浅说 [M] . 北京：中华书局，2010：79
② 同上

图 4-10　明暗一个层次，有墨无笔的纽约商业区
（图片来源：谷歌图片）

图 4-10a

图 4-10b

【案例 30】明暗多个层次，笔墨相称的东京某商业街、拉斯维加斯大道

东京的商业夜色彩做得更加精到。如图 4-11a，东京某商业街不只明亮（亮度 L9 级）、多彩，而且明度还有多个层次（亮度比从 G2/G3/G4 到 Z1/Z2/D1 级），使得视觉吸引力更强。按照中国画的评价方法，可谓"笔墨相称，骨肉停匀"[①]了。这种情况在拉斯维加斯也可见到（图 4-11b）。从海市蜃楼酒店（The Mirage）上空俯瞰的拉斯维加斯大道，一系列明亮多彩的建筑非常吸引眼球。去色后发现，其不但色彩冷暖对比强，明度也有深浅多个层次。把每个对比关系都做丰富，叠合后的效果就很惊艳了。

学习绘画时会将明度——素描进行单独练习，到色彩（此处指狭义色彩）的研究中明度仍然是第一位的。明度决定心理感受，使人产生错觉。低色温的暖色容易被认为更明亮。在火烛类型的夜城市色彩中，虽然受光源技术的限制亮度不高，但在光源附近仍感觉

① 诸宗元. 中国书画浅说 [M]. 北京：中华书局，2010：79

图 4-11a

图 4-11b

图 4-11　明暗多个层次，笔墨相称的东京某商业街、拉斯维加斯大道（图片来源：百度图片）

到明亮。这种感知，除了与黑暗对比的原因外，就是低色温的心理暗示了。产生同样的明亮感觉，对于高色温的冷色来说，则需要更高的亮度，否则便给人阴森的印象。

【案例 31】布拉格，明度错觉

如图 4-12，布拉格的夜城市色彩去色后令人惊讶，暖黄的近处建筑明度原来不高。但下意识中感觉暖色部分与远处冷白的教堂是一个明度。用色貌研究的成果也可以解释。暖色部分饱和度高，发生了赫尔姆霍—科耳劳奇效应（Helmholtz–Kohlrausch effect），产生"彩色亮度"，使得人的感知亮度提高。

因此，城市公共空间的照明首选暖色是明智的，能以较低的功率实现较高的心理亮度预期，达到节能的目标。很多路灯采用高压钠灯也是这个道理，虽然显色性不太好，但它不但满足了道路通行的安全需求，还营造了明亮、温暖的氛围。

明度把色彩分成两大类，光的家族和影的家族。当每个家族中的色彩明度不变，只改变冷暖色相、饱和度的时候，色彩效果便容

图 4-12　布拉格，明度错觉（图片来源：谷歌图片）

易实现统一中有变化。智能时代，夜城市色彩挣脱了技术的束缚，向艺术的理想境界进发。通过对 LED 进行精准调光控制，创造了多个明度层次。色彩在这个丰富的框架中表现得更加微妙，表述的情感也更加细腻。

【案例 32】东京晴空塔，黑白照片都耐看的原因

东京的晴空塔夜间色彩迷人，一个重要原因是其具有多个明度层次，黑白照片也很耐看（图 4-13）。2075 台 LED 照明器具与塔身结构巧妙结合，分别对外部的钢架（特别是钢架交叉点）和内部实体核心筒进行照明。设计师摒弃了灯泡形式，增加反射板结构，更好地混合各种色光，均匀照亮较大的面积。这些色彩内外交融，仅明度的变化就丰富多样。在经过精心取舍的几个高度，如 450 米左右的天望回廊、约 350 米的展望台上下做集中照明，获得塔身上渲染般的渐变效果。这只是明度的框架，当加入冷暖的色彩时，不惊艳也很奇怪了。

在智能时代，植物的照明不但能再现自然，而且胜过自然。首要的原因是明度层次比日间还丰富，主题被夜色彩渲染得更加突出。

【案例 33】胜过自然，日本的夜樱明度层次丰富

日本上野恩赐公园是赏夜樱的名所之一。樱花的生命极其短暂，日本有"樱花七日"的俗谚。所以在樱花盛开时节，各大赏樱之所便会延长开放时间，点亮各种灯光，特别是灯笼，以便人

图 4-13　东京晴空塔，黑白照片都耐看的原因（图片来源：百度图片）

们在夜晚赏樱。日本是阴影的国度，昼间的自然光呈漫反射，明度层次很少，几乎是平面的印象。在夜晚，人们利用技术奖赏自己的眼睛，小心创造出多个明度层次。这些明度对比较弱（亮度比 D1级），因为突兀的亮暗对比不是日本人民所熟悉的，只在自然光规律基础上变化一点点就足够了。有反射板的 LED，特别是漫反射的灯笼实现了大面积的均匀照明，是获得此类夜色彩的技术保障（图 4-14）。

图 4-14　胜过自然，日本的夜樱明度层次丰富（图片来源：谷歌图片）

东京的夜城市色彩充分表达了东方审美的含蓄与微妙，以及人与自然的顺应关系。它利用色彩在自然的基底上稍加优化、巧妙提升；用精准的色光、精致的灯具，营造出耐人寻味的意境。西方在主客二分哲学的引领下，美学追求崇尚人工美，人是在画面之外的欣赏者。西方园林从阳台上俯瞰很美；东方，特别是中国园林则强调人在园中游体验到的意境。因此，在智能时代，以柏林为代表的西方城市的夜色彩就是另一个景象。

图 4-15　柏林勃兰登堡门（图片来源：视觉中国 www.vcg.com）

【案例34】多层次的明度框架，柏林勃兰登堡门

在白天，柏林是阴影中的城市。昼城市色彩明度变化很少，色彩的纯度也较低。著名的"高级灰"就是这里的特产（图4-15）。夜城市色彩则大胆朝相反的方向行进，毫不掩饰地创造人工美。柏林勃兰登堡门是城市乃至德国的标志，它的夜色彩最为典型。首先是清晰的多层次明度对比（图4-16a）；在灯光节时，多层次的明度框架上又被加入了高饱和的彩色（图4-16b、图4-16c）。这些彩色产生的"彩色亮度"，为明度又添了一个层次。与阴灰的白天对照，柏林的夜城市色彩显得明亮而浓郁。人们看到的是一幅幅泼彩的现代油画，这是柏林的另一面，城市精神的另一种魅力。不应

图 4-16a

图 4-16b

图 4-16c

图 4-16　多层次的明度框架，柏林勃兰登堡门

（a 图图片来源：谷歌图片，b、c 图图片来源：百度图片）

该千城一面，而应该像柏林这样"一城双面"，夜城市色彩创造了"第二个"柏林。

4.2.2　冷暖是核心

冷暖是色彩之所以丰富迷人的源泉，众多视觉上的微妙多变、内容上的欲言又止都来自这里。诸宗元在谈到中国画设色时说："画之所以重设色，因水墨之妙，只可规取精神，一经设色，即可形质宛肖。"[①]如果把水墨比作明度的话，设色就是冷暖变化了。在明度的骨骼框架上，加上冷暖色相变化，画面立即丰满起来。即使明度层次很少，有不同冷暖的色相并存，夜城市色彩的效果也是丰富的。因为分辨冷暖是人类视觉较早进化出的能力，将被大多数人轻易感知到。

夜城市色彩很容易被分为光的家族和影的家族。光的家族呈现冷暖变化，影的家族表达明度转换。可以冷暖变化而明度不变，亦可以冷暖变化、明度也变化。在冷暖与明暗的变幻交织中，夜城市色彩创造出多样统一的视觉画面。

【案例 35】拉斯维加斯，冷暖强对比

以迷人夜晚著称的拉斯维加斯（图 4-17），如果看黑白照片，只会发现光与影的家族分明，大面积的、均匀的明亮几乎在一个平面上。视觉画面缺少明度层次的变化是霓虹类型夜城市色彩的特征。但是，恢复彩色之后画面立刻丰富起来，以黄、蓝互补色为代表的冷暖色强对比使得趣味中心——热气球状霓虹灯"跳"了出来。这是传统的电时代的例子。

【案例 36】勃兰登堡门，红蓝色光使之惊艳

在智能时代，无论是西方的浓艳类型还是东方的亮雅类型，都离不开色相冷暖对比这个主角。如图 4-18，柏林的勃兰登堡门从黑

---

① 诸宗元. 中国书画浅说 [M]. 北京：中华书局，2010：83

图 4-17
图 4-18

图 4-17　拉斯维加斯，冷暖强对比（图片来源：百度图片）
图 4-18　勃兰登堡门，红蓝色光使之惊艳（图片来源：百度图片）

白照片看明度层次丰富，但对比不强，并不吸引眼球。当加入冷暖色相后立即惊艳起来。在这里，低色温的白光用作一般照明，高饱和的红光、蓝光是塑造光。如第 1 章所述，光谱两端的红光、蓝光都是极具表现力的。红色易被锥体细胞辨识，更易分辨其饱和的程度，所以红光看起来亮而艳，把勃兰登堡门的柱子凸显了出来。生理特征决定了人眼能看到更多微妙多变的蓝色。门顶部的雕像也是丰富多变的，用蓝光塑造最为合适。门檐口部分低色温（约 3000 ～ 4000K）的白光将红、蓝的冷暖对比联系起来，细看其内部也有浅淡的蓝色与淡黄色的微妙冷暖对比。这些或强烈或微妙的冷暖对比，让画面丰满、浓烈起来，显示出色彩（此处指狭义色彩）的力量。

【案例 37】柏林大教堂和电视塔，冷暖色光使画面不凡

如图 4-19，柏林大教堂和电视塔同框的画面很有意思，使过去与现在能够和谐共处。黑白照片虽然明度层次丰富，但对比弱，构

图 4-19　柏林大教堂和电视塔，冷暖色光使画面不凡（图片来源：百度图片）　　　图 4-19

图 4-20　柏林的植物照明，不真实的色彩真实的树（图片来源：百度图片）　　　图 4-20

图也一般，整个画面很是平庸。再看彩照立即眼前一亮。近处的柏林大教堂使用暖色，黄的墙面、绿的穹顶，虽然明度在较暗的范围，但心理感觉是明亮的。因为高饱和度的彩色光产生了"彩色亮度"，人的感知亮度提高了。绿、黄光是人眼最易捕捉到的光，较小的能量也会看起来比较亮。色度学研究表明，对于各个年龄段的人，视觉的分光视感效率在黄绿波长范围都是最高的，即绿、黄光老幼皆宜、雅俗共赏。这种大众光用在教堂再合适不过了。换个角度看，暗沉的暖色符合大教堂历史建筑的身份；偏暖的绿色相既在传统的氛围中，又暗示着当代的艺术气息，是历史向现在的完美过渡。远处的柏林电视塔采用冷色，既预示着现代，冷色又使电视塔退到了较远的空间，纠正了在黑白照片中因明度较高而往外"跳"的层次问题。

　　【案例 38】柏林的植物照明，不真实的色彩真实的树

　　在运用冷暖色相方面，柏林的植物照明更加典型。如图 4-20，行道树树冠的下侧被均匀照亮，看不到眩光。这一点就已经很不容

易。我们经常会看到树木被众多刺眼的灯照出一个个亮斑，浑然不知树木的整体是怎样的。再看彩色照片，在完整的光的家族中出现了多个不同冷暖的色相，冷绿、暖绿、橙色、黄色、红色，甚至还有树木不可能出现的蓝色。光源巧妙地隐藏在树池中，贴着树干照上去。色光被精准地投射到树冠下侧的所有枝叶上。这些色彩浓艳而不真实，但给人的体验还是真实的树、美丽的树，因为符合绘画的一般规律。

【案例 39】日本京都的水岸，简单又精致的冷暖对比

以日本城市为代表的雅色调是智能时代的又一个类型，其冷暖色相的运用别有特色。京都是日本传统文化的重镇，夜城市色彩具有典型的亮雅、精致的特征。如图 4-21，河岸水边的现代建筑以及游船有明亮的多个层次；在彩照中发现，在这些光的家族中，既不是单一色温的白光，也不是五彩斑斓，只用了橙色、绿色两个色相，近处游船上的绿光与远处现代建筑的薄荷绿呼应。简单的冷暖对比，精心的细部处理，令京都水岸的这个画面传递出现代的安静与祥和。橙、绿都是亮而不艳的大众色，在明视觉、暗视觉的条件下视觉敏感度都高。在夜城市色彩这种复杂的中间视觉条件下，它们比其他同样照度的光看起来更明亮。设计者充分利用了人们能感知此波长范围多变色相的生理特征，选择了偏冷的薄荷绿和偏暖的橙黄红，加大了冷暖对比（色度比略高于 SG3 级），强化了效果。

图 4-21　日本京都的水岸，简单又精致的冷暖对比（图片来源：百度图片）

【案例 40】日本京都东山，山与桥的冷暖对比

京都东山是日本文化的源头，聚集着众多代表性的历史建筑、庭院和艺术收藏。这里的夜城市色彩明度降低，以感受历史的深沉，但并不是简单地用火烛时代的暖白光照明。在黑白照片中可见，明度层次微妙而丰富。画面精心取舍视觉中心，小心归纳出光与影的家族。在彩照中可见，光的家族又被精心分为不同冷暖色相的区域。如图 4-22，桥以下部照明为主，方便通航又不会对桥上的通行产生眩光影响。暖黄的光被水面反射夸大了暖色的面积。桥紧邻的山麓上满是树木，用微妙的冷色系精心地照亮，灰蓝、灰绿的色相或明亮些，或暗沉些，形成一片，看不到半点眩光。这样安静的夜色彩，我想鸟儿是不会被吓跑的。只有那些满山翠绿、到处眩光的山体照明才会把小动物们惊到。波长 380nm ～ 485nm 大致范围的蓝光虽然在明视觉、暗视觉条件下都不易被感知，能量低、不明亮，

图 4-22　日本京都东山，山与桥的冷暖对比（图片来源：百度图片）　图 4-22

图 4-23　日本京都东山，被小心地照亮的建筑与植物（图片来源：谷歌图片）　图 4-23

但是，此范围的蓝光又具有极强的表现力。它们的饱和度容易被觉察，高饱和度的色光具有"彩色亮度"。少量加入白光，哪怕只有2%，又能看出浓淡之别。亮度、饱和度的变化还会使这些蓝色发生色相漂移，生发更加微妙、多样的变化。设计师们把蓝色的这些潜质在此桥边的山景中发挥得淋漓尽致。

【案例41】日本京都东山，被小心地照亮的建筑与植物

京都东山的其他地方照明也值得品味。图4-23，微妙的多层次明度把精心选择的建筑、植物小心地照亮；接着选用比昼间色彩稍微饱和一点点的色光照亮它们，使得再现自然又胜过自然。暖黄与木塔相配，粉红染亮樱花，明度较低的绿色暗示绿树的存在。视觉中心的塔也不需全部照亮，把细节丰富的檐下和攒尖照亮就足够表达精神气质了。

【案例42】反例，广州珠江夜景

广州的珠江夜景是个反例（图4-24）。这个画面也使用了冷暖对比，用了最具表现力的蓝色、红色，效果很是抢眼。但是，由于水中倒影的红色与桥上钢索的红色不是同一色调的，使得本来红色主导的对比变得牵强。画面形成桥上与桥下的色彩对比，是两部分面积几乎均等的色调对比——亮色调与艳色调。艳色调内部又有冷暖的对比，面积几乎均等。画面势均力敌的对比冲突很多，联系

图4-24　反例，广州珠江夜景（图片来源：百度图片）

却过少，给人不和谐的印象。这个画面不成功的主要原因是忘记水面的放大作用，没有精心调整桥面的艳红色与钢索的红色而使其达到一致。没有水面的放大时，不同色调的红色面积大小悬殊很大，桥面上小面积的艳红色只会增加丰富性，不会产生冲突。但是，水面将艳红的"线"放大成艳红的"面"。面积较大的艳红色就与钢索的亮红色产生冲突了。原本以红色为联系的桥上桥下两个色块也割裂开来。

4.2.3　关系最重要

色彩是相对的，由关系决定效果。学习色彩的学生通常被要求眯着眼睛，或者摘下眼镜看色彩，就是为看到色彩关系，而不被各个色块边缘形成的形状转移注意力。关系在比较的过程中形成。色度学的亮度比、环境比、均匀度等概念就是在表达色彩关系。本书归纳它们为亮度比，又提出色度比的概念，试图联系色彩科学研究与艺术实践。中国画绘白花，"纸绢及粉，同为白色，仅用粉笔，何由显露"？[①]画家便利用色彩关系来解决。"以微青之色，烘晕其外，更以水笔运之，用笔甚微……"[②]城市色彩有五种关系，即明度关系、色相关系、纯度关系、面积关系、位置关系。[③]夜城市色彩也不例外。这五种关系不会单独存在，每个画面都会看到几种关系。当多个清晰的色彩关系叠加在一起时，画面便会产生极大的吸引力。因为清晰的色彩关系通常对比较强，有强烈对比的事物对人影响大。前一阵在网上"病毒式"传播的"蓝瘦香菇"事件就是个例子。小伙子因失恋录视频，他说"难受，想哭"。但不标准的口音听起来像"蓝瘦香菇"，很滑稽。可笑的口音，表达悲伤的事情，这种强对比的吸引力巨大，于是快速传播开来。视觉上的对比吸引力更大，力量

---

① 诸宗元．中国书画浅说 [M]．北京：中华书局，2010：83
② 同上
③ 王京红．城市色彩：表述城市精神 [M]．北京：中国建筑工业出版社，2014：50

更强。试想，多个强对比的关系叠加在一起，夜城市色彩的画面该多么令人惊艳呀！

【案例 43】安详的法兰克福老城中心广场，色彩关系单一

法兰克福的夜城市色彩属于火烛类型，低色温（约 3000K 以下）的暖白光照亮了店铺、咖啡座（图 4-25）。近处建筑以内透光为主，立面没有专门的照明，各种漫反射光让它们并不暗。远处教堂的顶部继续被暖白光照亮。这个城市的节点并不明亮，但具有火烛时代的人情味。夜城市色彩以明度弱对比为主（亮度比 D1 级），远处教堂明亮的尖顶被包围在夜幕中，具有面积和位置关系的较强对比。当人们在广场上抬头环视时，目光会被吸引过去。无论如何，火烛类型的夜城市色彩对比关系较单一，因而也更安详。它暗示的遥远年代氛围，与历史古城、历史街区的性格更相符。当火烛类型夜城市色彩加入火焰的跳动时，将增添更多活力。

【案例 44】喧嚣的纽约某街道，二至三种色彩关系叠加

从不太高的楼层上看到的纽约某街道夜城市色彩（图 4-26）。电灯、霓虹灯使得环境整体较亮（亮度 L9 ~ L10 级），身在其中的行人被眼前鲜活的内容所吸引，与白昼的体验无异。从楼上往下看，大面积明亮的广告灯箱与夜幕形成明度强对比（亮度比 G2/G3 级），霓虹灯箱的冷暖对比、红绿补色强对比，色度比 SG1/SG2/SG3 级。二至三种明晰的色彩关系叠加在一起，组成电时代喧闹、繁华的画面。这类夜城市色彩符合现代商业街区的气质，是电时代大都市表达繁荣的惯常方式。

【案例 45】吸引人的伦敦，色彩关系清晰、多变

智能时代的伦敦夜城市色彩好似素描，明度层次丰富而微妙（图 4-27）。虽然只有一种清晰的色彩关系，但因其可供品味的内容多，画面仍是吸引人的。伦敦聚集着古典建筑和现代建筑，各种内透光、外泛光使白光也变得多种多样。泰晤士河水面的映衬加大了夜色彩的面积，使面积关系、位置关系也多变起来。

图 4-25	图 4-26
	图 4-27

图 4-25　安详的法兰克福老城中心广场，
　　　　色彩关系单一（图片来源：百度图片）

图 4-26　喧嚣的纽约某街道，二至三种
　　　　色彩关系叠加（图片来源：谷歌图片）

图 4-27　吸引人的伦敦，色彩关系清晰、
　　　　多变（图片来源：谷歌图片）

【案例 46】耐看的京都东山植物，多个色彩关系叠加

智能时代，科技的发展使得夜城市色彩关系越来越丰富。京都东山的植物照明由多个色彩关系叠加而成（图 4-28）。从黑白照片看，明度层次很多，从最亮到最暗经历多个等级（亮度比从低 D2/D1 到中 Z2/Z1/ 高 G4 级），好似不高的多层台阶，由亮到暗逐级慢慢走下来。再看彩照眼前一亮，因为又叠加了多个色彩关系。暖黄、暖红与灰绿、灰紫的冷暖对比，黄与紫的补色对比，鲜艳暖黄与低饱和度绿、紫的鲜灰对比，视觉中心暖黄色与其他树色彩和夜幕形成的面积主从强对比[1]，位置全包含的强对比[2]。（详见笔者的《城市色彩：表述城市精神》一书。）在这里，以雅俗共赏的、

---

① 王京红. 城市色彩：表述城市精神 [M]. 北京：中国建筑工业出版社，2014：51
② 同上

图 4-28 耐看的京都东山植物，多个色彩关系叠加（图片来源：百度图片）

明亮的黄、绿色光为主，符合不同年龄段大多数人的视觉生理感知特点，又添加了紫色、红色波长范围的微妙色光，使得景观更加迷人耐看。

【案例 47】两个摩天轮，多种色彩关系

夜城市色彩的面积关系对最终效果影响较大。摩天轮体量巨大，象征着现代生活，每个城市都把它当作地标。我们曾在第 3 章中讨论过，它们是如何定义夜城市色彩类型的。东京的摩天轮精致优雅（图 4-29a），拉斯维加斯的摩天轮热烈灿烂（图 4-29b），表述

图 4-29a

图 4-29b

图 4-29 两个摩天轮，多种色彩关系（a 图图片来源：谷歌图片，b 图图片来源：百度图片）

着各自城市的夜晚性格。东京的摩天轮夜色彩面积不大，只有外圈的亮环。其明度较高，与夜幕形成强对比（亮度比 G3 级）。色相采用邻近的蓝色和紫色。色度比从整体上看是色光与黑暗的对比，属于 SG2 级；局部是蓝、紫色的类似色相对比，应属于 SZ2 级；但紫色掺入较多白光，饱和度较低，色度比降为 SD1 级。摩天轮中央位置显示时间，数字精致而清晰。拉斯维加斯的摩天轮夜色彩面积大，整个摩天轮成为一个亮圆形，与夜幕形成强对比（亮度比 G2 级，色度比 SG1 级）。面积对比、多色同心圆的冷暖对比、红绿补色对比，大面积的多个对比关系叠加后视觉效果强烈，呐喊的色彩为拉斯维加斯的繁华又添了一笔。

【案例 48】位置关系很重要

夜城市色彩的位置关系也很重要。如图 4–30，在这个画面中，高塔与建筑叠合在一起了。如果照明设计不有意识地塑造，它们的位置关系会很尴尬。画面的处理很成功，首先用冷暖塑造出前后的位置关系。较近的建筑和人尺度的街道都是高色温（约 6000K）的冷白光，从室内的内透光到建筑顶部的 Logo 以及功能性的道路照明，都控制得很到位。远处的高塔以暖光染色。虽然有暖色前进、冷色后退的视错觉，但近处的冷白光亮度高、边缘清晰，感觉上还是较近的；远处塔的暖色亮度低，边缘模糊，感觉较远。接着，也是更精彩的地方，塔的下部以明度稍高的黄光染色，逐渐退晕至明度更低些的橙红色，塔顶以互补的绿色结束。最终，夜城市色彩呈现出的效果是，塔与建筑脱离开了，漂浮了起来。塔顶的绿色又与近处的绿色呼应联系。

【案例 49】反例，水面导致失败的面积关系

这是一个面积关系处理失败的例子（图 4–31）。由于水面的放大作用，桥下部的绿色与上部的红色面积几乎均等。这两个色大致是同一色调的，都属于高亮度、高饱和度，色相近似于互补色，因此对比非常强烈，但没有主次之分。

图 4-30

图 4-31

图 4-30　位置关系很重要（图片来源：谷歌图片）

图 4-31　反例，水面导致失败的面积关系（图片来源：百度图片）

4.3　层次

当夜城市色彩被当作画来欣赏的时候，还有一个重要方面决定画的优劣，那就是空间层次。中国画中有"绘宗十二忌之说"，"一曰布置迫塞，二曰远近不分……"[①]昼间的城市色彩因空气的衰减，自然形成空间层次，而夜城市色彩来自发射光而不是反射光，空气的衰减作用大幅减小，甚至被忽略。因此，夜城市色彩同绘画一样需要人为有意创造层次。虽然城市是三维甚至四维的，可以从各个角度、距离观赏，但其总有几个景点，总有几个视线走廊是最重要的。在观赏景点的主要人流、主要视角上，有意识塑造空间层次，将获得精彩的夜城市色彩画面。

夜晚，明亮的物体感觉近，因为其与黑暗的夜幕形成的对比强，"跳"到了眼前。此外，人们还会下意识地按照白天的习惯判断空间距离，比如近处的色彩暖、远处的冷；近处的色彩边缘清晰，远处的模糊。色度学研究也表明，由于人眼对不同波长、不同饱和度的分辨力不同，黄、绿色更明亮易见，似乎是前进的；蓝、紫色则浓艳后退。红色范围的光比较特别，既艳且亮，识别度高，能穿透

---

① 诸宗元. 中国书画浅说 [M]. 北京：中华书局，2010：70

雾气跃入眼帘，所以用作禁停的红灯。总之，一个画面的空间层次是诸多因素综合后的结果。

【案例 50】布拉格城堡区，三个层次

如图 4-32，布拉格城堡区的夜色彩被归纳为三大色块，形成三个层次。近处的建筑、树木等都在阴影中，人尺度的火烛类型照明满足功能需求。第二个层次的色块是画面右上的一部分城堡，呈明亮的黄色，色温中高约 4000K；且边缘清晰，看起来与人拉近了距离。画面左上的另一部分城堡建筑和更远处的教堂都统一在较低色温（约 3000K 以下）的暖黄色中，亮度不高，色彩边缘不甚清晰，视觉上退远了。它的色彩虽然比第二个层次的偏暖，但较黯淡，与夜幕更接近、更融合，所以感觉上远了。

【案例 51】莫斯科，夜城市色彩层次丰富

如图 4-33，莫斯科的夜城市色彩层次丰富。近处的水面已冻成冰面，镜子般反射着天光。树木是暗黑的剪影。它们组成未被打光的背景。建筑由近及远大致分为三个层次，近处的最暖，暖黄的泛光照亮红砖墙面。虽然明度不高，但边缘清晰，感觉仍是近的。第二、三层区别较小，明度都较高；较近的一层稍暖，最远的教堂被高色温（约 6500K 以上）的冷白光打亮。虽然这教堂明度最高，但因其色彩偏冷，色块边缘不清晰，所以感觉还是远的。这幅画面的迷人之处就在冷暖、亮暗、清晰、模糊等各个因素的交叠、纠缠，令人迷惑又兴奋，暗示着城市精神的丰裕与深邃。

图 4-32　布拉格城堡区，三个层次（图片来源：谷歌图片）

图 4-33　莫斯科，夜城市色彩层次丰富（图片来源：百度图片）

第 5 章

氛围：色彩力

夜城市色彩具有既"简单"又"复杂"的特征。较多的时候，人从欣赏画面的角度感知夜城市色彩。但是，在城市公共空间的特定场所，夜城市色彩也发挥了"包被"作用，浸泡着其间的人们。于是，人们体验到"复杂"的氛围。

瑞士建筑师彼得·卒姆托(Peter Zumthor)的《建筑氛围》是我所了解的谈氛围谈得比较清晰的书。氛围是什么？卒姆托认为，那是成功打动他的一种品质，好似一见钟情般的对某人的第一印象[1]。《现代汉语词典》中，氛围的释义是"周围的气氛和情调"。[2]氛，解释为"气，气象。"[3]《牛津高阶英汉双解词典》中，Atmosphere 解释为"大气，大气层；包围任何星球的气体；某一地方的空气；气氛，情绪"。[4]可见，氛围是充满空间的、包被着人的、具有整体特质的事物。在中国哲学中，气是宇宙最根本的事物，具有整体性。"它认为世界上和人体内的每一个元素都是由'气'这

---

① （瑞士）彼得·卒姆托. 建筑氛围 [M]. 张宇译. 北京：中国建筑工业出版社，2010：11

② 中国社会科学院语言研究所词典编辑室. 现代汉语词典（第 6 版）[M]. 北京：商务印书馆，2012：383

③ 同上

④ 霍恩比. 牛津高阶英汉双解词典（第四版）[M]. 李北达译. 北京：商务印书馆，1997：76

一种事物构成的。万事万物，无论是身、心、物质、精神，还是土地、动物、空气，全部都由这一种物质所构成。"[①]卒姆托也认为氛围"是一切，是事物本身、人群、空气、喧嚣、声响、颜色、材质、纹理，还有形式……是我的心绪，我的感受……"。[②]在《建筑氛围》一书中，卒姆托尽量从不同角度阐释氛围，诸如"建筑本体、材料兼容性、空间的声音、空间的温度、周围的物品、室内外的张力、万物之光"，等等。但氛围毕竟是个不可分割的整体，对它进行逐一分析总会挂一漏万。所以作者最后提出"结合一致"。各自独立、分离的信息源，在空间中彼此强化、共同作用，以传递连贯一致的氛围感知。

如果有个整体性特征的概念，用它解读氛围应该是最适宜的，色彩力就是这样的概念。这里的色彩指的是广义色彩，包括所有眼睛看到的以及由此想到的存在，它是个整体。色彩力是广义色彩对人的影响力。由于具有整体的特征，这种影响力既包含视觉的，也包含非视觉的影响，因而构成了打动人的氛围。因此，夜城市色彩创造的氛围可以用色彩力诠释。

昼间的城市色彩，其色彩力由纯度、面积、对比关系所决定。夜城市色彩的色彩力与昼城市色彩略有不同，由面积、亮度、色度、对比关系（亮度比、色度比）和隐喻性所决定。面积是决定夜城市色彩以画面或氛围形式影响人的关键要素。一般来说，夜城市色彩的色彩力大，即视野中的面积大，就产生氛围的感知；色彩力小，视野中的面积小，感知到的就是画面。广义色彩的色彩力都包含隐喻性要素，对于夜城市色彩来说，它是不可忽视的部分。隐喻性是指由广义色彩引发的非视觉感知（如声音、温度、气味等）对人产生的影响力；隐喻性强，色彩力大。

① （美）迈克尔·普鸣，克里斯蒂娜·格罗斯-洛 [M]. 哈佛中国哲学课. 胡洋译. 北京：中信出版社，2017：122
② （瑞士）彼得·卒姆托. 建筑氛围 [M]. 张宇译. 北京：中国建筑工业出版社，2010：15

　　当视野中夜城市色彩的面积大于等于 3/4 时（图 5-1），人有包被的感知，便有条件讨论氛围了；当视野中的面积小于 3/4 时，人感知的则是画面。这样的结论来源于空间围合感的研究。芦原义信在《街道的美学》中提出街道的宽与高之比（D/H）的概念[①]，对城市外部空间——没有天花板的建筑的围合感知进行了阐释。街道、广场等城市外部空间都可用宽高比的概念考察其界面对身处其间的人的影响。从广义色彩的角度，人看到界面，于是视野中的界面色彩面积对人产生影响力，即色彩力。当宽与高之比小于、等于 1 时（图 5-2），视野中大于、等于 3/4 的面积都被界面的色彩所

图 5-1　夜城市色彩的面积大于 3/4 时，产生氛围感（图片来源：百度图片）

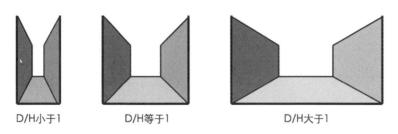

D/H小于1　　　　D/H等于1　　　　　　　D/H大于1

图 5-2　不同宽高比的空间，视野中的面积不同（图片来源：《城市色彩：表述城市精神》）

① （日）芦原义信. 街道的美学 [M]. 尹培桐译. 天津：百花文艺出版社，2006：47

占据，产生了较大的色彩力，给人强烈的围合、包被之感。人的感知是沉浸其间的，能体验到某种氛围。当视野中界面色彩的面积，即夜城市色彩的面积小于 3/4 时，色彩力小，包被的感知减少，慢慢退远形成二维的画面。

5.1 亮度（感知亮度 Brightness）

照亮黑暗是夜城市色彩的首要目的，亮度与氛围的塑造更是密切相关。所以，亮度毋庸置疑地要先拿出来讨论。

在各类照明设计标准中，通常规定水平面（即工作面，在外部空间主要是地面、路面）的照度，也就是给出水平面接收到的光通量。但是，照度与人感知到的明亮程度不一样，后者具有相对性和主观性。[①]在第 1 章中，笔者阐释了亮度 Luminance 和感知亮度 Brightness 两个不同概念。此部分的亮度特指感知亮度Brightness。感知亮度与亮度比、视觉适应性、亮度变化率等诸因素有关。在黑暗中点燃一支蜡烛会显得很明亮，而在明亮的舞台上再打开一支两千瓦的回光灯也会显得很暗淡。眼睛能自行适应某个亮度，亮度的变化将影响主观感知。一个明亮的场所若与接着出现的另一个暗淡的场所对比，会显得更明亮。亮度能显著影响人的情绪和心理健康，是光最基本、最重要的元素。有精神病学家实验光疗某些抑郁症，发现明显比药物疗效好。更有"喜剧需要明亮的光线"的舞台灯光设计经验[②]。"明亮温暖的亮度使得大多数人感到无限美好"。[③]可见，亮度对氛围的创造非常重要。

夜城市色彩的色彩力决定人的感知，是否感觉明亮也取决于色彩力。色彩力主要由人视野中垂直面的亮度决定，因为城市外部空

① 王宇钢. 舞台灯光设计 [M]. 北京：中国经济出版社，2006：169
② 同上
③ 王宇钢. 舞台灯光设计 [M]. 北京：中国经济出版社，2006：171

间界面的垂直面（立面）的面积在视野中总是较大的（图 5-3）。这些垂直面反射的光能量多，色彩力大，就感知到明亮的氛围；反射的光能量少，色彩力小，便是暗淡的氛围。明暗的对比（即亮度比）产生不同的色彩力，形成另一些氛围。明亮面积与黑暗面积的对比强，色彩力大，人们对明亮印象深刻。视野中各面积的明亮程度均匀，对比小，色彩力的大小取决于总体照度水平，形成的氛围也各异。

　　具有较好夜城市色彩氛围的外部空间不多，为表述清晰，笔者借鉴了一些成功的室内照明设计案例。

图 5-3　垂直面亮度决定色彩力，营造氛围（图片来源：百度图片）

【案例 52】日本公立刈田综合医院，明亮而均匀

　　日本公立刈田综合医院[①]的走廊明亮而均匀（图 5-4），虽然对比弱（亮度比 D1 级），但亮度在较大的 L7 级，因此色彩力大。色温约 4000 ~ 5000K 的暖白光色为患者营造了平静、放松的氛围。因为夜空取代了天花板，在城市外部空间一定无法使人感知到如此

---

① （日）面出薫 LPA．LPA1990-2015 建筑照明设计潮流 [M]．程天汇，张晨露，赵姝译．南京：江苏凤凰科学技术出版社，2017：168

图 5-4　明亮均匀的氛围（图片来源：《LPA1990-2015 建筑照明设计潮流》）

程度的明亮。但形成明亮氛围的规律是一致的，即空间界面的亮度等级高、亮度比较低，光照均匀。在这里，隐藏灯具、减少眩光等技术手段是必需的。日本设计师面出薰说："在日本社会，光环境受到'三件宝'的统治：亮度、白光和均匀"[①]。当前国内城市夜景照明同样如此。因此，明亮均匀自然光的夜城市色彩是最常见的，营造了大部分氛围。

【案例 53】日本某文化创造中心的室内，明亮的氛围由墙面决定

明亮的氛围主要由立面照明实现，在日本某文化创造中心的室内照明中体现得很典型。"照亮墙面比照亮地面更能为建筑带来活力"[②]，因为视野中明亮的面积大，色彩力大，氛围的体验就强烈。"洗墙灯照亮了瓷砖覆盖的高大墙壁"（图5-5）[③]，使人感到走廊的明亮。

① （日）面出薰 LPA．LPA1990-2015 建筑照明设计潮流 [M]．程天汇，张晨露，赵姝译．南京：江苏凤凰科学技术出版社，2017：70

② （日）面出薰 LPA．LPA1990-2015 建筑照明设计潮流 [M]．程天汇，张晨露，赵姝译．南京：江苏凤凰科学技术出版社，2017：157

③ 同上

可见，从人感知的夜城市色彩角度看，城市外部空间垂直界面的照度才是决定色彩力、营造氛围的主要因素。如果一味地提高地面照度，不但不节能，而且人体验到的氛围效果也不理想。

城市外部空间中，除垂直界面外，还有很多有节奏地反复出现的垂直物，如灯柱、树木等。如果这些垂直物的总发光面积大（数量多、出现间隔小或者单体面积大），色彩力大，营造的氛围就更浓厚。

【案例 54】日本东京的表参道，巨型景观灯营造氛围

日本东京的表参道"是在圣诞节和新年举行的持续一个月的照明项目。"①设计师制作了巨型 LED 灯（图 5-6）。他们在"原有路灯的外面覆盖双层半透明的织物，并在其内安装可控制的 LED 灯具"②，形成类似日式纸灯的景观灯。这些景观灯的单体面积大、

图 5-5   图 5-5   明亮的氛围由墙面决定（图片来源：《LPA1990-2015 建筑照明设计潮流》）

图 5-6   图 5-6   巨型景观灯营造氛围（图片来源：《LPA1990-2015 建筑照明设计潮流》）

① （日）面出薫 LPA．LPA1990-2015 建筑照明设计潮流 [M]．程天汇，张晨露，赵姝译．南京：江苏凤凰科学技术出版社，2017：261
② 同上

出现频率高。中等明亮的低色温暖光，配合技术控制的摇曳效果，产生中等色彩力的氛围。

【案例 55】东京汐留地区某下沉广场，光装置使氛围活跃

同样是东京的汐留地区公共区域某下沉广场（如图 5-7）^①，设置了大型的光装置。这些垂直光柱的单体发光面积大，但数量并不多，间隔也不密。由于视野中明亮面积与黑暗背景的对比强烈（亮度比 G4 级），色彩力大。为使"时光的流逝可视化"，设计师控制装置的光动态变化，进一步加大了色彩力。于是，此下沉广场的夜城市色彩氛围便活跃了起来。

图 5-7　光装置使氛围活跃（图片来源：《LPA1990—2015 建筑照明设计潮流》）

【案例 56】日本大分县县立图书馆室外广场，若有若无的氛围

日本大分县县立图书馆室外广场的树阵被照亮，营造了广场的氛围（如图 5-8）^②。每棵树树池中的埋地灯把树干和枝条照亮，

---

① （日）面出薰 LPA. LPA1990-2015 建筑照明设计潮流 [M]. 程天汇，张晨露，赵姝译. 南京：江苏凤凰科学技术出版社，2017：199

② （日）面出薰 LPA. LPA1990-2015 建筑照明设计潮流 [M]. 程天汇，张晨露，赵姝译. 南京：江苏凤凰科学技术出版社，2017：53

图 5-8 若有若无的氛围（图片来源：《LPA1990-2015 建筑照明设计潮流》）

视野中中等明亮的垂直线条以一定韵律出现，不太密集，色彩力中、小，氛围的体验也是若有若无。

【案例 57】日本长崎原子弹爆炸死难者和平纪念馆入口，氛围体验强烈

外部空间的夜城市色彩有时也因地面的效果而营造了独特的氛围。当地面的面积较大（主要是在视野中较大）且独具特色时，氛围的体验油然而生。

日本长崎原子弹爆炸死难者和平纪念馆的入口有一个直径为29 米的水池。照明设计师"在黑色花岗岩打造的水池池底镶嵌了 7万颗光纤灯具，寓示着受原子弹大爆炸影响而罹难的人员数目"[①]（图 5-9）。水波使得这 7 万点微光轻轻摇曳，与明亮的入口玻璃墙壁、暗沉的远山形成多层次的对比，色彩力大，氛围体验强烈。

① （日）面出薰 LPA. LPA1990-2015 建筑照明设计潮流 [M]. 程天汇，张晨露，赵姝译. 南京：江苏凤凰科学技术出版社，2017：171

图 5-9　强烈的氛围（图片来源：《LPA1990-2015 建筑照明设计潮流》）

【案例 58】霞会馆的洽谈室，低色温强化温暖感

明亮的感知也是丰富的，温度感是其中比较突出的一种感受，它取决于色温。同样照度不同色温的灯光营造的氛围很不相同。

图 5-10　低色温强化温暖感（图片来源：《照明设计终极指南》）

如图 5-10[①]，霞会馆的洽谈室采用 3000K 低色温的荧光灯，与界面的暖色材料相配。橙色地毯、深色木质墙面和柱子，在低色温的光下被强化了温暖、沉着之感，隐喻性强。此空间的明亮程度中等（亮度 L6/L7 级），但光色与材料色之间的交融强化了隐喻性，使得色彩力大，氛围体验强烈。可见，明亮程度不是决定氛围体验的唯一要素，只有当色彩力大时，氛围的感知才强。

高色温的空间环境不少，多数是明亮的效果。高照度虽然加大了视觉上的影响力，但隐喻性降低，色彩力也不一定大。如果缺少精心设计，空间的色彩力中等，氛围寡淡（图 5-11[②]）。高色温低照度的空间环境有很强的隐喻性（图 5-12），阴森等负面的氛围使得这类效果较少出现。

有光明就有黑暗。日本的照明文化注重"黑暗的美"。正如王维的《鸟鸣涧》所云："人闲桂花落，夜静春山空。月出惊山鸟，时鸣春涧中。"山鸟的鸣叫衬得春涧的夜晚更安静。光能照亮空间，也能衬托出黑暗。黑暗的隐喻性强，色彩力大，给人的氛围体验强烈。

图 5-11
图 5-12

图 5-11 寡淡的氛围（图片来源：《照明设计终极指南》）
图 5-12 高色温低照度的阴森氛围（图片来源：百度图片）

---

① 株式会社 X-knowledge . 照明设计终极指南 [M] . 马卫星译 . 武汉：华中科技大学出版社，
   2015：117
② 株式会社 X-knowledge . 照明设计终极指南 [M] . 马卫星译 . 武汉：华中科技大学出版社，
   2015：127

【案例 59】日本加贺片山津温泉公共浴室的室内，黑暗演绎
到极致

日本加贺片山津温泉公共浴室的室内照明就把黑暗演绎到了极
致（图 5-13）。"在最特别的两个浴池（一个面对泻湖，一个面
对森林），将光亮度降到最低，重点照亮窗外的泻湖和绿地，在欣
赏风景的同时也保证了私密性。"[①]空间中的微光显现出点、线和
面的夜色彩，虽然亮度感知极低，面积不大，对比微弱，更无彩色
可寻，但让人浮想联翩，隐喻性很强，因而色彩力大，氛围体验强烈。

图 5-13　黑暗演绎到极致（图片来源：《LPA1990-2015 建筑照明设计潮流》）　图 5-13
图 5-14　动态的树影营造氛围（图片来源：《LPA1990-2015 建筑照明设计潮流》）　图 5-14

① （日）面出薰 LPA．LPA1990-2015 建筑照明设计潮流 [M]．程天汇，张晨露，赵姝
　　译．南京：江苏凤凰科学技术出版社，2017：367

【案例 60】东京大手町大厦，动态的树影营造氛围

影子是另一种利用黑暗营造氛围的有效手段，也是一种有趣味的对比，通常产生较大色彩力。

日本东京的大手町大厦，"在离地面 200 米的大厦顶部安装了氙气探照灯"[①]，成为活动式月光灯，照射大厦前广场的树林（图5-14）。[②]这片树林"有着古老奔放的、野性的林地气息。""晚上 8 点开始的 30 分钟演出活动中，从大厦顶部照下来的灯光就仿佛是洒在树林上的月光，随着灯光的缓慢移动将树叶的形状投影下来。"[③]动态的树叶影子给人很多联想和暗示，隐喻性是色彩力大的主要原因，营造了夜城市色彩的氛围。

5.2　色度

色光，尤其是高饱和度的色光以其巨大的色彩力，营造出令人印象深刻的氛围。随着 LED 技术的普及，人们获得理想色光的代价越来越小。几乎各种色相、各种饱和度的微妙光色都能通过并不高昂的技术比较轻松地获得，而且不需要在能源上有更多付出。当技术实现已不是问题的时候，效果塑造就显得日益重要。如何运用这个表现力极强的手段，营造夜城市色彩的氛围是非常需要探索的。但是，当今的各类照明设计标准、城市夜景照明规划都鲜有提及如何应用色光的，至多谈到色温、显色性。本书在第 1 章归纳色度学的研究成果，对各单色光的特征做了阐述。此部分将借鉴装置艺术作品的效果，探索夜城市色彩用色光营造氛围的一些规律。

① （日）面出薰 LPA．LPA1990-2015 建筑照明设计潮流 [M]．程天汇，张晨露，赵姝译．南京：江苏凤凰科学技术出版社，2017：393

② （日）面出薰 LPA．LPA1990-2015 建筑照明设计潮流 [M]．程天汇，张晨露，赵姝译．南京：江苏凤凰科学技术出版社，2017：394

③ 同上

高饱和度、大面积、均匀的光色，其视觉影响力很大，隐喻性也很强，因此色彩力极大，氛围体验很强烈。虽然每个人体验到的氛围不同，但强度是一致的。美国当代艺术家詹姆斯·特瑞尔（James Turrell）以运用光在空间中创作著称，他的作品是色光营造氛围的经典。虽然城市外部空间没有天花板，空间不可能做到如此封闭，效果也不会如此纯粹，但他的手法还是可以借鉴的。

【案例 61】当代艺术家詹姆斯·特瑞尔的光空间——红、蓝

如图 5-15，高饱和度的单一色光充满空间，即视野中的面积做到最大。空间界面上的色光均匀分布，虽然对比很小，但色光本身的特性被极大强化，隐喻性很强，色彩力很大，氛围体验很强。红、蓝是最具表现力的两种色光。它们分处可见光光谱的两端，对习惯于全光谱太阳光的人眼来说，是比较极端的长波光和短波光。这样陌生、极端的电磁波"浸泡"着人，必然对人产生强烈的影响，产生极大的色彩力和强烈的氛围感受。

图 5-15　当代艺术家詹姆斯·特瑞尔的光空间——红、蓝（图片来源：百度图片）

【案例 62】当代艺术家詹姆斯·特瑞尔的光空间——橙红、紫红

如图 5-16，高饱和度色光，面积很大，邻近色相橙红与紫红的对比，色彩力大，氛围感强。

【案例 63】当代艺术家詹姆斯·特瑞尔的光空间——无题 1 号

如图 5-17，此空间叠加了四种对比，色彩力大。高饱和度的彩色面积很大，邻近色相紫红与紫的对比。中低明度的彩色与高明

图 5-16　当代艺术家詹姆斯·特瑞尔的光空间
——橙红、紫红（图片来源：百度图片）

图 5-17　当代艺术家詹姆斯·特瑞尔的光空间
——无题 1 号（图片来源：百度图片）

图 5-18　当代艺术家詹姆斯·特瑞尔的光空间
——无题 2 号（图片来源：百度图片）

图 5-16	图 5-18
	图 5-17

度白色光的明度对比、纯度对比。面积对比出现在彩色光与白色光、邻近色相的彩色光之间。当多种色彩对比关系同时出现、叠加时，色彩力大，氛围感强。

【案例 64】当代艺术家詹姆斯·特瑞尔的光空间——无题 2 号

如图 5-18，当经历时间通行时，两个紧邻的空间氛围产生对比。大空间是明亮（亮度 L8 级）白光（无彩色）笼罩下的氛围，色彩力中等，氛围体验一般。通过阶梯进入小空间，则是高饱和度、大

147

面积的彩色光，邻近色相紫红—紫—蓝的对比。紫色是一种浓艳微妙的光，兼具蓝色、红色光的特征。人眼对这个波段的饱和度分辨力强，高饱和度的色光还将产生彩色亮度。所以，紫色并不如蓝色那么暗，又如蓝色般产生浓淡的多种变化。紫色渲染的这个小空间色彩力大，氛围体验强烈。大小空间氛围的前后对比使得整个空间序列给人印象深刻。

【案例 65】当代艺术家詹姆斯·特瑞尔的光空间——黄色顶棚

如图 5-19，外部空间的色光运用与自然天光形成对比。暗蓝色的夜空与明亮高纯度的黄色顶棚形成色相的补色对比、明度对比。黄色是一种明亮的光，人眼的分光视感效率在这个波段范围较高，同样光通量的黄光，感知亮度会更大。顶棚的面积很大，黄色光映照着地面。光在顶与地之间来回反射，浸泡着人，进一步加大了彩色的面积。所以，此外部空间的色彩力大，氛围感强。

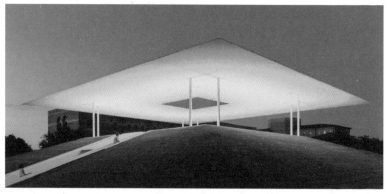

图 5-19　当代艺术家詹姆斯·特瑞尔的光空间——黄色顶棚（图片来源：谷歌图片）

【案例 66】艺术家 Olafur 的"太阳"灯光装置，明确的隐喻、强烈的氛围

宽光谱的复合光同样可以营造印象深刻的氛围。艺术家 Olafur 在英国的一个美术馆展出了"太阳"的灯光装置作品（图 5-20）。人们被这个人造太阳普照的空间氛围打动，甚至在地板上躺下"晒"

图 5-20　艺术家 Olafur 的"太阳"灯光装置，明确的隐喻、强烈的氛围（图片来源：百度图片）

太阳。虽然城市外部空间没有天花板，封闭程度小，但创造氛围的手法还是可以借鉴的。由于"太阳"发光体面积巨大，所有空间界面都承载了它的光色，视野中色彩的面积很大。发光体模拟自然物——太阳，隐喻性清晰。因此色彩力很大，氛围体验强烈。可见，夜城市色彩若想营造氛围，就要视野中有大面积的光色；同时，明确的隐喻性会更加强氛围的体验。

【案例 67】灯光艺术的先驱丹·弗莱文作品，单色光混合带来别样氛围

空间中的光色既可以通过一种宽光谱的复合光获得，也可以由几个窄光谱的单色光混合而来。混合后的色彩更加微妙多变，将带来别样的氛围。灯光艺术的先驱丹·弗莱文（Dan Flavin，1933～1996 年）在 20 世纪 60 年代早期，利用市场上的荧光灯管进行创作。当时技术所限，荧光灯管的颜色、尺寸都是标准化生产的，种类很少。丹·弗莱文巧妙地将不同的单色光并置，放在恰当的位

图 5-21　灯光艺术的先驱丹·弗莱文作品，单色光混合带来别样氛围（图片来源：微信公众号：艺来艺往）

置，使空间界面获得微妙多变的色彩，给人带来独特的氛围体验。如图 5-21[①]，在界面的转角放不同的单色光灯管，是他的一个经典手法。

【案例 68】灯光艺术家基斯·索尼尔的有趣作品

基斯·索尼尔（Keith Sonnier，b.1941）是 20 世纪 60 年代的灯光艺术家之一，他也擅长混合单色光获得效果[②]。如图 5-22a，缝隙中的蓝色光与墙面的红色光形成冷暖对比、面积对比。视野中色彩的面积大，色彩力大，氛围被渲染得很浓厚。基斯·索尼尔在城市外部空间中的作品更加有趣。如图 5-22b、图 5-22c，建筑立

图 5-22　灯光艺术家基斯·索尼尔的有趣作品
（图片来源：微信公众号：艺来艺往）

图 5-22a	图 5-22b
图 5-22c	

① 艺来艺往．灯光艺术的先驱 - 丹·弗莱文．2016-2-2
② 艺来艺往．璀璨的霓虹灯 - 基斯·索尼尔．2016-8-6

面被冷暖相间的蓝、红灯管勾勒显现，地面被红色光铺满。视野中夜城市色彩的面积大，对比强，色彩力大。虽然城市外部空间的封闭性比室内弱，但只要视野中色彩的面积足够大，就能营造出氛围。我们发现，艺术家喜欢使用的光色正是色度学研究发现的、极具表现力的光色——蓝、红。好比攀登珠穆朗玛峰，虽然艺术和科学分别从南、北坡向上，但目标都是顶峰，实乃殊途同归。

虽然早期的灯光艺术家创作条件极大地受技术限制，但他们作品的效果并不逊色。那些单色光巧妙混合后营造的别样空间氛围，今天使用 LED 调光技术也不一定能胜出。可见，技术并不是障碍，创新的观念和手法才是关键。夜城市色彩若想塑造城市的另一面，规划、设计的思路和方法要拓宽、发展。

氛围是对整体的感知，按照广义色彩的理论，空间界面的所有色彩都产生色彩力，参与了氛围的营造。上文讨论的色彩效果都比较纯粹，色光打在几乎匀质的界面上反射进视野。更多的情况是，空间界面复杂而丰富，光经过反射、透射、折射等多种方式进入眼帘，产生色彩力。比如欧洲中世纪的教堂玫瑰窗，彩色玻璃透射了阳光，参与到教堂空间氛围中。

【案例69】西班牙马德里的丽池公园水晶宫，光线在空中飘移、穿梭

西班牙马德里的丽池公园水晶宫（如图5-23）[①]，是1632年菲利普四世修建的皇室家族避难住所。玻璃透射、折射、反射的光线在空间中飘移、穿梭，色彩力大，氛围独特，夜城市色彩的氛围营造可以借鉴此手法。

【案例70】建筑立面上彩色投影，渲染氛围

在建筑立面投射彩色影像，是灯光节常用的手法（图5-24）。这种变幻的、动态的色彩对比强、面积大，色彩力大，渲染出热烈

---

① 元色设计．【微视界·建筑色彩本质】玻璃·光·建筑的幻彩．2014-12-26

图 5-23　西班牙马德里的丽池公园水晶宫，光线在空中飘移、穿梭
（图片来源：微信公众号：元色设计）

图 5-23a | 图 5-23b

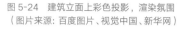

图 5-24　建筑立面上彩色投影，渲染氛围
（图片来源：百度图片、视觉中国、新华网）

图 5-22a

图 5-22b | 图 5-22c

的氛围。

当空间中的物体具有足够大的体量，在视野中的面积大时，就产生较大色彩力，参与到氛围的营造之中。

【案例 71】吸光针织展馆，独特的氛围

如图 5-25①，在第 55 届 cooper hewitt 设计三年展中，Jenny Sabin Studio 的作品吸光针织展馆。展馆由多种材料媒介打造而成，采用了能够吸收、收集与传送照明的光敏丝线，吸收白天太阳的光线，夜晚自行发出五颜六色的光芒。置身其间，氛围感独特。

【案例 72】灯光森林，光色充斥空间

日本跨科学小组 teamlab 的作品灯光森林，由一系列动作感应吊灯构成（图 5-26②），即几千个穆拉诺玻璃制成的灯，以及 LED 光源和传感器。有人站在一盏灯旁边时，这盏灯就会发出明亮的光芒、独特的色彩。接着，它变成一个起点，传播到最近的两盏灯上，由此创出光线的连锁反应。动态的灯、光线和镜子，把光色充斥在整个空间，视野中面积极大，对比强，色彩力大，氛围体验鲜明。

营造氛围多用色光，好比舞台上的染色塑造光，光匀、色浓、色彩倾向强，产生的色彩力隐喻性明确。舞台上的色光多用来刻划心理，渲染剧情氛围。在城市外部空间氛围的塑造中也可以借鉴一二。如饱和度不同、同一色相的光组合，一般用来整合较杂乱的环境，突出视觉中心；同调不同色，暖调表达的氛围是热烈、丰富、激奋或温驯的情感；冷调的氛围是平静、平缓，甚至低落或冷酷。不同调的邻近色，表达欢快的氛围，或热情或和谐。不同调的对比色，氛围感知强烈，产生激烈、矛盾的情感。以上只是舞台灯光配置营造氛围的一般规律，不同的城市外部空间，不同的城市精神塑

① 中国公共艺术网. 美丽别致的吸光针织展览馆. 2016-3-9
② 中国公共艺术网. 灯光森林. 2016-9-18

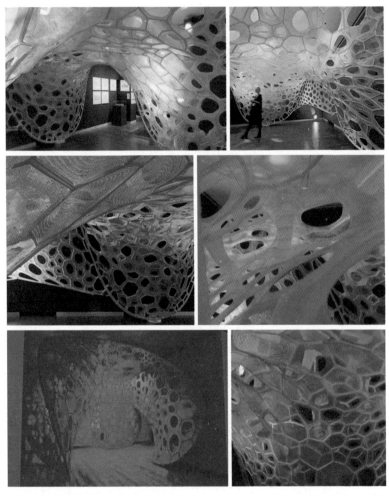

图 5-25a	图 5-25b
图 5-25c	图 5-25d
图 5-25e	图 5-25f

图 5-25　吸光针织展馆，独特的氛围（图片来源：
微信公众号：中国公共艺术网）

图 5-26a

图 5-26b

图 5-26c

图 5-26　灯光森林，光色充斥空间（图片来源：微信公众号：中国公共艺术网）

造目标，将有不同的塑造方式。

　　综上所述，在中观层面，夜城市色彩既能描绘画面，也能营造氛围。氛围的体验是整体性的，由广义色彩的色彩力决定。各种亮度和色度的感知，由于视野中的面积、色彩间的对比关系、色彩的隐喻性等因素不同，产生不同的色彩力，渲染出不同的氛围。

第 6 章

落地：方法与手法

要塑造一城双面，无论是形成宏观层面的色调——夜城市色彩类型，还是在中观层面绘制画面、营造氛围，都需要微观层面的方法与手法来实现。

方法只有一个——将正确的色彩，以正确的方式，用在正确的地方。这里的色彩指夜城市色彩，它是广义色彩的一种。人是色之母，光是色之父[①]，物是色之舟。正确的色彩来自光，但不仅仅是光，它是光照射后人感知到的结果，即夜城市色彩。设计手法有多种，主要是"呈现、塑造、创造"三大类。"呈现"的手法可细分为"实事求是"、"增光添彩"、"整合"。"塑造"的手法可细分为"锦上添花"、"断章取义"、"凸显"、"提升"。"创造"的手法可细分为"无中生有"、"改变"、"动态"，等等。

---

① 王京红. 城市色彩：表述城市精神 [M]. 北京：中国建筑工业出版社，2014：4

6.1　方法

6.1.1　正确的色彩：目标问题

"正确的色彩"解决目标问题，需与塑造城市的精神气质一致，原理和戏剧里的灯光设计类似。不同题材的戏剧光色很不相同。悲剧的光色浓烈、深沉，低长调、偏冷，喜剧的光色清淡、明快、间色较多，如粉、湖蓝、粉绿，是明快的高中调。正剧的光色兼而有之，有时浓烈，有时清淡，交相辉映[①]。

歌剧《阿依达》是一部壮烈的爱情悲剧（图6-1）。"其故事结构，特别是结尾酷似中国的《梁山伯与祝英台》，都是男女主人公为了爱情双双死去，只是各国所运用的表现手法不一样。"[②]它的光色运用大胆、夸张、简洁、肯定，灯光设计值得借鉴。"阿依达第二幕第二场，在夜晚，安涅丽斯的大殿内，骄慢的公主沉浸在一片对拉达姆斯的爱的玫瑰色幻影当中，并对阿依达充满了仇恨。而此时的阿依达万分痛苦，对拉达姆斯不知是爱还是恨，左右为难。所以这一场设计了一个以玫瑰色为主的色调。正逆光的深蓝色中还透着紫色。一面侧光用深桃红色，另一面侧光则用亮湖蓝。面光用浅天蓝。这样的光打在空中很透气，打在人和景上却很沉闷。这几种颜色组织到一块儿虽然很漂亮但很不安定。这样光色的混合既合

图6-1　歌剧《阿依达》是一部壮烈的爱情悲剧（图片来源：百度图片）　　图6-1a｜图6-1b

---

① 王宇钢. 舞台灯光设计 [M]. 北京：中国经济出版社，2006：173
② 王宇钢. 舞台灯光设计 [M]. 北京：中国经济出版社，2006：125

情理又合情境，真正做到了人、景、物的合一。"①玫瑰色的主色调是对爱情的主观诠释，蓝、红两个色系的光塑造形体，冷暖对比、浓淡对比（深蓝色、深桃红色与亮湖蓝色、浅天蓝色）渲染了强烈的情感（仇恨、痛苦）。所谓"漂亮但很不安定"就是这些对比产生的。灯光设计充分利用了色光与空间的关系——"这样的光打在空中很透气"，色光与物体的关系——"打在人和景上却很沉闷"，以及色光本身的特征——蓝、红波长范围的色光被色度学研究证明是最具表现力的，综合这些因素渲染氛围。戏剧是运用光色最极端的例子，表达形式的丰富程度和精细程度都是最大的。无论怎样复杂，正确的色彩都离不开意欲塑造的内容。与表达内容目标相符的色彩才是正确的。夜晚的城市好比在城市外部空间中上演的城市戏剧，夜城市色彩的规划设计与戏剧的规律是相同的。

6.1.2 正确的方式：关系问题

"正确的方式"重点解决关系问题，即光与光、光与色（此处指狭义色彩）、光与物、光与空间之间的关系。光有显色性，物有染色性。性质不同的光照到性质不同的物体上，人感知的夜城市色彩便不同，它们以不同的色彩关系表达出来。光色与物色、光质与材质、光的角度与物的造型是三个主要方面。

（1）光色与物色

有关光色与物色的内容很多，其中光色的对比、光色与物色的复合是最为突出的两个部分（此句及以下各段的"色"指狭义色彩）。

光色的对比主要有四种。其一，同色相不同饱和度的对比（色度比 SD1 级）。"同一种颜色，但用色浓度不同，此种对比状态在视觉上有两色互融的感觉"②。色度学研究发现，人眼对光谱两

---

① 王宇钢. 舞台灯光设计 [M]. 北京：中国经济出版社，2006：125
② 徐明. 舞台灯光设计 [M]. 上海：上海人民美术出版社，2009：85

端色的饱和度分辨力强，而对中间部分如 570nm 波长的黄绿色饱和度就不敏感。所以，这种浓淡对比常出现在蓝、紫、红等色相范围。其二，类似色相的对比（色度比 SZ2 级）。类似色相中的两种色，如红与橘红……黄与柠檬黄……蓝与紫蓝等，[①]虽然光色不同，但它们互不排斥，互渗互应，统一共存。由于人眼分辨光谱中间部分光色波长的能力强，黄绿范围的色相对比更易被感知，如蓝绿、绿、黄、橘黄等，进行类似色相对比效果更佳。其三，冷暖色对比（色度比 SG3 级）。"如红与紫蓝，绿与橙，蓝与品红等"[②]强烈的冷暖对比之色光，产生新鲜感、鲜明感，形成特有的动态感。其四，互补色对比（色度比 SG1 级）。"如红与青，蓝与黄，绿与品红"。[③]互补色形成最为强烈的互斥感，鲜明的对照和不协调。后两种光色对比由于色彩相互的激发，饱和度都增强了；高饱和度产生彩色亮度的感知，于是人眼看到了更为鲜明的色彩效果。

如图 6-2[④]，舞台美术的光色组合，可以启发建筑的夜景照明色彩运用。从上至下依次是"光色组合：面光以暖色光照射物体正面，用侧逆光冷光勾画景物的边界，使画面具有装饰性和灵空感。""光色组合：近似色组合投射是经常运用的方式。在舞台演区和天幕上，投射明度不同的冷光，令舞台演区的人物和景物清晰、宁静。""纯度组合：舞台上经常运用光色相互冲淡组合，形成纯度的差别。天幕光常常分组配合使用，降低纯度，和演区光配合使用。""冷暖组合：暖光和冷光组合使用，并调配它们的比例，令舞台上协调中产生对比，别有风味。"[⑤]

光是色之父，物是色之舟。光色与物色的复合效果丰富，是塑

---

① 徐明．舞台灯光设计 [M]．上海：上海人民美术出版社，2009：85

② 同上

③ 同上

④ 王宇钢．舞台灯光设计 [M]．北京：中国经济出版社，2006：35

⑤ 同上

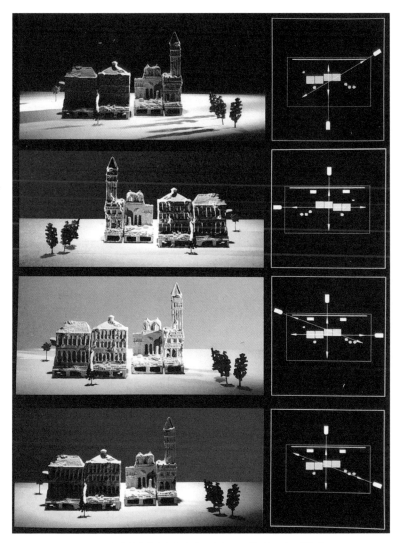

图 6-2　舞台美术的光色组合（图片来源：《舞台灯光设计》）

造夜城市色彩的有效方式之一。在城市外部空间中，夜城市色彩的
物质载体很多，首先是建筑界面，接着是景观，如树木、水面、山
石、地面、各类公共设施、公共艺术等。这些物体的表面特性不同，
染色性便不同，呈现的效果更不同。

在舞台灯光设计中,有学者通过实验得到以下规律[①],归纳如下,可以借用到城市外部空间中,以便选择恰当的色、给恰当的物体增光添彩。

• 色光与白色物体复合

白色物体易被染色,即被色光照射后,物体呈现光的色彩;同时,白色物体也易被其他光所削弱。

• 色光与黑色物体复合

黑色物体不易被染色。反光的黑色物体能反射出色光来;无反射光的黑色物体基本不显色。

当表面有灰尘时,能染色。当黑色明度提高至灰色时,能染色。以上两种情况都是较暗的效果。

• 光色与物体色同色

光、物同色相时,可能改变亮度、饱和度。物体色的饱和度高于光色时,物体色亮度提高;光色的饱和度高于物体色时,物体色饱和度提高;两者在同饱和度下,物体被照亮,不增色也不减色。

• 光色与物体色为邻近色

红光—橙物,绿光—黄物,蓝光—紫物等是邻近色,复合后出现新色彩。光色越饱和,新色彩越接近光色;光色不饱和时,物色有变化;光色越接近白色,新色彩越接近物色。

• 光色与物体色为对比色

红光—绿物,绿光—紫物,蓝光—橙物等是对比色。复合后,当光色、物色都饱和度很高时,新色彩是灰或黑;当光色、物色都不饱和,或其中一种不饱和时,显现原来的物色,但不鲜艳。

• 白光与有色物体复合

在白光照射下,呈现的是物体原来的色彩。(此处指显色性良好的白光)

---

① 徐明. 舞台灯光设计 [M]. 上海:上海人民美术出版社, 2009:85

城市景观中各类要素的表面特征不同，光投射后的效果也不同。最为鲜明的是水面、山体和树木。

【案例 73】水面放大光色

水面对于夜城市色彩效果有极强的放大作用。因为光色的面积被放大，色彩力增大，饱和度、亮度看起来似乎也大了。镜面反射的原理决定了水中倒影的长度与光距水面的高度相同。因此，临水界面的光色，位置越高被放大得越夸张。一般地，点被放大为线，线被放大成面（垂直线除外）（图 6-3）。临水建筑顶部标志、广告等的光色、岸边路灯的光色，更容易被水面倒影放大效果。另外，桥梁下部空间的光色，其效果也容易被放大（图 6-4）。因此，城市临水边界的夜城市色彩，要重视水面倒影的色彩，有时倒影色彩占主导地位，临水界面较高位置的光色决定了倒影色彩的大部分。

【案例 74】光笔画山的皴法

山在夜城市色彩中通常是远景或中景。无论从节能环保角度还是效果角度，山体的照明设计都要遵循中国画的原则，即"在似与

| 图 6-3a | 图 6-3b |
| 图 6-3c | 图 6-3d |

图 6-3　水面放大光色（图片来源：百度图片）

图 6-4　桥梁下部空间的光色容易被放大（图片来源：百度图片）

不似之间"。也就是说，夜城市色彩不是真实再现白天的山，而是写意白天的山。

　　光笔在黑色夜幕上并不需要画出山体所有的地方，而是要选择恰当的位置进行照明。当山体对城市来说是远景时，只需以灯光勾勒山的天际线。图 6-5，中国画的远山就是天际线。[①]中景的山要通过照明显现其凹凸结构。通常，当山脊轮廓被勾勒、山谷深处被照亮时，山的形态结构也就清楚了。如图 6-6，这三个中景山体的照明都存在问题。图 6-6a 只照亮了山的下部，看不到山的天际线和凹凸结构。于是，山的形体消失了，山顶的亭子飘在空中缺少逻辑。图 6-6b 的山体有大量照明，但位置凌乱，看不清山的骨骼结构，山的体量感缺失了。如图 6-6c，象鼻山的照明强调了下部象鼻的特征，但没有勾勒山的轮廓线，"大象"的整体形象未显现出来。

　　光笔在夜幕上怎样画山，形式语言要因山制宜，但万变不离其宗，不外乎点、线、面。山的体量巨大，用光投射出"面"较困难。既不节能，也不环保，光污染对动植物影响较大。因此，以光"点"、

────────────

① 自习画谱大全（三）．北京：荣宝斋，1982：诗情画意画谱，上集，三

图 6-5 图 6-6a 图 6-6b 图 6-6c

图 6-5 中国画的远山就是天际线（图片来源：《自习画谱大全（三）》）

图 6-6 反例，有问题的中景山体照明（图片来源：百度图片）

光"线"的形式显亮山体是比较现实的。在这里，彩色不是主角。中国画画山的方法——皴法便以"点""线"为主，可以拿来借鉴。画山的皴法不下二十种，用笔不同使得"点""线"的形式不同，因而可以表现不同季节、不同天气、不同形态的山。

形状、大小、边缘特征是"点"的三个要素。改变这些要素，就改变了点的性质。不同性质的点聚集在一起就能表现不同特征的山。短披麻皴，点的形状圆而稍曲，适应较多类型的山（图 6-7）[1]。解索皴，点细长而多弯曲，适宜画秋景（图 6-8）[2]。披麻兼斧劈

---

[1] 自习画谱大全（三）. 北京：荣宝斋，1982：27

[2] 自习画谱大全（三）. 北京：荣宝斋，1982：30

皱，点的形状圆而带方，适合画秋冬之山（图6-9）[①]。小斧劈皱，点顿挫方瘦，适宜画坚硬之石山（图6-10）[②]。大米点皱，点形状椭圆边缘模糊，表现雨中之山（图6-11）[③]。小米点皱，点比大米点皱稍小，宜作雨雾之山（图6-12）[④]。光的质地有软硬之分，直射光看起来比较硬，光点的边缘亦可处理得方直。漫射光看起来软，光点边缘模糊。可见，光点的形状、大小、边缘等要素都可以被设计、被控制，将它们聚集在一起就能表现出不同特质的山体，塑造不同的夜城市色彩主题。比如，圆而虚的光点适合表现植被丰富的山，方直而实的光点照亮岩石裸露的山更恰当。当然，根据具体塑造的目标，还可以有更多样的解决方案。

长短、曲直、方向是"线"的三个要素。同点一样，改变这些要素，线的性质也改变，聚集在一起表现不同特征的山。长披麻皱，

图 6-7　短披麻皱（图片来源：《自习画谱大全（三）》）
图 6-8　解索皱（图片来源：《自习画谱大全（三）》）
图 6-9　披麻兼斧劈皱（图片来源：《自习画谱大全（三）》）

| 图 6-7 | 图 6-8 | 图 6-9 |

① 自习画谱大全（三）. 北京：荣宝斋，1982：29
② 同上
③ 自习画谱大全（三）. 北京：荣宝斋，1982：33
④ 自习画谱大全（三）. 北京：荣宝斋，1982：34

图 6-10	图 6-11	图 6-12

图 6-10 小斧劈皴（图片来源：《自习画谱大全（三）》）

图 6-11 大米点皴（图片来源：《自习画谱大全（三）》）

图 6-12 小米点皴（图片来源：《自习画谱大全（三）》）

线圆而长，适宜画圆融之山（图 6-13）[①]。大斧劈皴，线方直而苍劲，适宜画巨石、悬崖之山（图 6-14）[②]。折带皴，线横直，短线居多，画不高的平坦小山（图 6-15）[③]。荷叶皴、乱柴皴、乱麻皴，线长而交叉，适宜画骨骼嶙峋之山（图 6-16）[④]。马牙皴，线短，纵横成方，适宜画石山，肌理类似小方石块（图 6-17）[⑤]。将光点精心连缀可以成发光的线，或者投射光束，形成或圆而长，或方而直，或水平，或交叉，或短小的光"线"。这些线聚在一起，就可塑造出不同的山体。显然，圆长的线适合树木葱茏的山，方而直的线更有利于表现石山。

　　总之，以光笔在夜幕上画山，手法大致可分为两大类。第一类偏阴柔，用笔圆、柔、曲、卷、润，仿佛中国画的短披麻皴、长披麻皴、解索皴、云头皴、大米点皴、小米点皴等。第二类偏阳刚，

---

① 自习画谱大全（三）. 北京：荣宝斋，1982：28

② 自习画谱大全（三）. 北京：荣宝斋，1982：32

③ 自习画谱大全（三）. 北京：荣宝斋，1982：37

④ 自习画谱大全（三）. 北京：荣宝斋，1982：39，43，44

⑤ 自习画谱大全（三）. 北京：荣宝斋，1982：41

图 6-13　长披麻皴（图片来源：《自习画谱大全（三）》）

图 6-14　大斧劈皴（图片来源：《自习画谱大全（三）》）

图 6-15　折带皴（图片来源：《自习画谱大全（三）》）

| 图 6-13 | 图 6-14 | 图 6-15 |

图 6-16　由左至右为荷叶皴、乱柴皴、乱麻皴（图片来源：《自习画谱大全（三）》）

图 6-17　马牙皴（图片来源：《自习画谱大全（三）》）

| 图 6-16 | 图 6-17 |

用笔方、刚、劲、壮，仿佛中国画的小斧劈皴、大斧劈皴、披麻兼斧劈皴、折带皴等。无论哪类，与不同主题、不同形态的山匹配的照明手法都应该是多样的，需要设计师们在实践中不断摸索。

　　树木形状自由，易染色，是可塑性很强的夜城市色彩载体材料。具体手法参见本章下文有关呈现、塑造、创造的手法讨论。树木可以被真实再现，也可以被塑造成别样的树木；更可以只把它们当作载体，将图像投射其上。

（2）光质与材质

光质与材质的关系是决定"正确的方式"又一因素。光的质地分为硬光、软光。硬光是方向感很强的直射光，物体有鲜明的受光面、背光面和阴影；善于表达立体感、质感。硬光通常亮度大，射程远，由窄配光的灯具实现。软光是漫射光，能柔和、均匀照亮物体，产生平整、细腻的效果。软光亮度降低，投射距离缩短，投射角度宽泛，通常由宽配光的灯具实现。城市外部空间中的雕塑主要使用硬光，以增强立体感；可加少量软光作为补光，使其丰满。建筑照明宜正面用软光，完整呈现建筑物，并用硬光增加立体感、空间感（图6-18）。

夜城市色彩的载体主要包括建筑各类界面，其材质不同，光照后的效果也不同。不少学者从各个方面研究了光以不同方式投射到不同材质上的效果，归纳摘录如下。

图 6-18 雕塑主要使用硬光，以增强立体感（图片来源：百度图片）

• 不同透明度[①]

透明的材料从反面投射光。因此，玻璃幕墙常采用内透的手法。

半透明的材料正面、反面均可投射光。

不透明的材料宜正面投射光。大部分建筑墙面的泛光照明属于此情况。

• 石材[②]

正面照射可见花纹；反面透射可从厚度中浮现花纹，或同样花纹不同表情。

人造石材也可透光，图案反转，颗粒被强调出来。

• 粉刷[③]

涂料粉刷可以有各种质感，是自由度较高的材料。正面照射可见粗糙或细腻的表面；反面透射可见纤维花纹，光源色温不同，呈现的色彩冷暖不同。

• 木材[④]

用色温2800K的荧光灯照射，正面照射时木纹多数不太明显，从反面透射（0.3mm薄板）时，木纹清晰，连续而明显。

• 砖

红砖在色温2300～3500K时，显现暖调；4200～6000K时偏冷调（如图6-19）[⑤]。

• 混凝土

清水混凝土的色彩属于中性略微偏冷，用约4000～5000K色温的光照射时能呈现昼间面貌。

---

① 徐明.舞台灯光设计[M].上海：上海人民美术出版社，2009：112

② 株式会社X-knowledge.照明设计终极指南[M].马卫星译.武汉：华中科技大学出版社，2015：26

③ 同上

④ 同上

⑤ （日）面出薰LPA.LPA1990-2015建筑照明设计潮流[M].程天汇，张晨露，赵姝译.南京：江苏凤凰科学技术出版社，2017：354

图 6-19　不同色温光源呈现的建材（图片来源：《LPA1990-2015 建筑照明设计潮流》）

· 金属[①]

光面金属反光很强，反射出投射光的色彩。

毛面金属易染色。

铜板在 2300 ～ 3000K 时显暖调，3500 ～ 6000K 时显冷调。[②]

金属网的网眼花纹、编织图案需要一定角度（如从下往上、从上往下等）的光照射强调。

· 玻璃

单色玻璃在反射和透射时几乎无差别。

彩色玻璃、压花玻璃在反射时发光，透射时显色。

· 塑料[③]

塑料易染色，也易反光。

塑料加工工艺多样，纹理效果较多，自由度高。反射、透射都有多种效果。

---

① 株式会社 X-knowledge . 照明设计终极指南 [M] . 马卫星译 . 武汉：华中科技大学出版社，2015：50

② （日）面出薰 LPA . LPA1990-2015 建筑照明设计潮流 [M] . 程天汇，张晨露，赵姝译，南京：江苏凤凰科学技术出版社，2017：354

③ 同上

・特殊薄膜[1]

特殊薄膜能呈现出各种各样的视觉效果。如全息膜能将白光分解反射成彩虹；透镜膜具有透镜的效果。

（3）光的角度及其他

光的角度也是决定"正确的方式"之因素。在塑造城市外部空间的建筑、景观时，光的角度越少，塑造感越强，人感知的夜城市色彩的个性越鲜明。一般为三个以下的角度，最多不超过四个。[2]光的角度越多，光与光之间相交复合得越多，立体感越弱。

借鉴舞台美术组合光的规律，单角度光可以取自任何方向，多角度光应尽可能取互相远离的位置。如两个角度的组合光取相距90°以上的位置，最佳为两对角取光；三个角度的组合光，三角形或近似三角形取位最佳。四个角度的组合光，四边形或近似四边形最佳（图6-20）[3]。

与舞台不同的是，夜城市色彩存在于城市外部空间中。在对建筑、景观进行照明设计、选择投光角度时，必须考虑人的观看，至少要在主要人流视线上看到完美的效果。建筑及景观的尺度，与人的距离等因素都需要进行研究。

另外，阴影、投影、光束、光的运动等也是重要的塑造方式。

舞台灯光设计对光与影的研究较深入，其规律是共性的，可供参考。

・光强影深，光弱影浅。

・光硬影实，光软影虚。

・光高影短，光低影长。

・光近影大，光远影小。

① 株式会社X-knowledge.照明设计终极指南 [M].马卫星译.武汉：华中科技大学出版社，2015：90

② 徐明．舞台灯光设计 [M]．上海：上海人民美术出版社，2009：63

③ 徐明．舞台灯光设计 [M]．上海：上海人民美术出版社，2009：65

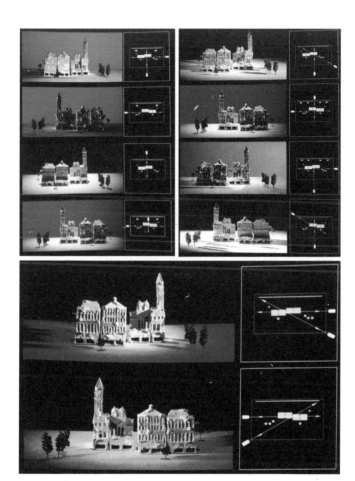

图 6-20a ｜图 6-20b

图 6-20c

图 6-20　舞台光位与布光分析
（图片来源：《舞台灯光设计》）

· 光的方向决定影的方向。

· 光的数量决定影的数量。

· 相同明暗的影像，边缘清晰的，感觉影像深；边缘模糊的，感觉影像浅。

· 投影载体平整细腻，影像清晰；投影载体粗糙，则成像模糊。[①]

① 王宇钢. 舞台灯光设计 [M]. 北京：中国经济出版社，2006：28

6.1.3　正确的地方：取舍问题

"正确的地方"是取舍问题。在城市外部空间中，夜城市色彩的主要载体是建筑和景观。不计功能需求，这些载体是不需要全部被照亮的。怎样取舍与夜城市色彩的主题定位有关，由具体手法所决定。此部分将在下文详述。

采用何种手法，要服从夜城市色彩规划设计的目标、定位要求，具体问题进行具体分析。

6.2　手法

6.2.1　呈现：实事求是、增光添彩、整合

"呈现"是指通过照明呈现昼间的景象，是一种写实的手法。"呈现"出的夜城市色彩符合白天面貌的特征规律，给人合理的印象。具体地，此手法可以细分为"实事求是"、"增光添彩"、"整合"三个小类。

"实事求是"是最纯粹的写实手法。

【案例75】巴黎歌剧院，"实事求是"的手法

如图6-21，巴黎歌剧院的夜景实事求是地呈现了白天的面貌，白天感知到的三段式立面、拱券、柱廊、雕饰都真实地在夜间再现。恰当的光色把顶部金色的雕塑表现得与昼间并无区别。设计师采用宽配光的软光从正面照亮立面，其色温约5000K，显色性良好，亮度约L7级；同时，用窄配光的硬光从侧上方投射，模拟日光，强化壁柱和雕塑的立体感。

"实事求是"的手法看似简单，真要做到并不容易。它要选择显色性良好的、色温恰当的白光，采取恰当的光强（亮度）、光质、光角度等，格外精心地铺光、染色，小心处理好光与物的各种关系。任何光都是有色彩的，都是某种浅色光。因为即使真正的白光也有色温的倾向，或偏冷或偏暖。同时，环境中每个物体都将部

图 6-21a | 图 6-21b

图 6-21 巴黎歌剧院，"实事求是"的手法
（图片来源：百度图片）

分投射过来的光反射到空间中，这些反射光带着此物体的色彩。所以，准确地说，空间中交织着各种浅色光。只有当投射的、反射的各种浅色光与物体复合后的效果与白天一致时，才达到真实呈现的目的。

【案例 76】反例，红墙被高色温的白光冲淡

如图 6-22 北京菖蒲河公园的夜景。红墙是公园的特色，应该实事求是地呈现出来。但是，由于使用了较高色温的白光，红墙的色彩被冲淡。当今 LED 调光技术已经很成熟，找到恰当的浅色光照射红墙，使之显亮、显色并不是难事。

"增光添彩"的手法旨在获得源于自然又高于自然的夜城市色彩。

图 6-22a | 图 6-22b 图 6-22 反例，红墙被高色温的白光冲淡（图片来源：百度图片）

【案例 77】夜樱，"增光添彩"的手法

樱花的夜景是比较典型的例子，日本上野恩赐公园的樱花照明可见一斑（图 6-23）。设计师使用与樱花同色相、饱和度稍高的色光，进行宽配光的泛光照明。局部投射低饱和度的淡绿色（图 6-23），用补色把色度比提高到 SG1 级，樱花的色彩看起来更为新鲜艳丽。最后用口式灯笼完成点睛一笔，人文与自然交融一体的夜樱便超越了昼间的美丽。

另一种写实呈现的手法是"整合"。

图 6-23　夜樱，"增光添彩"的手法（图片来源：谷歌图片）

【案例 78】布拉格老城广场，"整合"的手法

虽然布拉格老城广场的例子在上文有关"归纳"的章节讨论过（图 6-24），但它仍有价值从设计手法的维度做进一步剖析。在这里，低色温照明把围合广场的建筑界面连接成一个整体。高色温的光将远处的教堂整合成另一个整体。虽然这两个整体的内部变化丰富，壁柱、山花、雕饰、窗户等元素众多，但人们还是把它们作为两个整体来感知。看似简单地照亮建筑立面，却创造了前后的、冷暖的层次对比。

【案例 79】美国白宫，"整合"的手法

美国白宫的夜城市色彩被整合为三个整体（图 6-25），穹顶、平顶建筑和景观树木。在灯光全开的模式，最远处的穹顶投射高色温（约 6500K 以上）的冷调白光，前面平顶建筑运用了中低色温（约 4000K 以下）的暖白光，景观树木未照亮，成为剪影，衬托着白宫

图 6-24 布拉格老城广场，"整合"的手法（图片来源：谷歌图片）

建筑。在安静的夜运行模式，穹顶高色温保持，亮度略降低。近处的平顶建筑只剩下内透的少量低色温暖光。树木景观只局部照亮对称的两棵树，以及连接的矮墙，都使用高色温冷白光，与第二层次的暖调平顶建筑形成对比。

6.2.2 塑造：锦上添花、断章取义、凸显、提升

"塑造"的手法是通过对城市外部空间铺光、染色，获得更有意象的、更为精炼的夜城市色彩，表达人们希望彰显的城市精神气质和氛围。这个手段属于小写意，在光强、光色的运用上，以及光

图 6-25 美国白宫，"整合"的手法（图片来源：谷歌图片）

与物的关系处理上，投光位置的选择上都更有发挥余地。"塑造"
的手法既符合城市昼间面貌的规律，又表达人的意向，是合理又合
情的，是获得夜城市色彩的主要手法。具体地，此手法细分为"锦
上添花"、"断章取义"、"凸显"、"提升"四小类。

"锦上添花"是典型的塑造手法。一些形式感很强的地标，常
常使用这种手法。

【案例 80】科隆大教堂，"锦上添花"的手法

科隆大教堂是德国科隆的标志性建筑，集宏伟与细腻于一身，
是哥特式教堂中完美的典范。夜间照明一般采用"实事求是"的手
法（图 6-26）。当适当运用色光时，教堂被塑造出不同的面貌（图
6-27）。如图 6-27a，用高色温（约 7000K）白光投射水平的屋顶，
与教堂主体的暖黄色形成冷暖对比，增添层次变化。如图 6-27b 紫、

图 6-26　科隆大教堂，"实事求是"的照明手法
（图片来源：百度图片）

图 6-27　科隆大教堂，"锦上添花"的手法
（a、b 图图片来源：百度图片，c 图图片来源：
谷歌图片）

图 6-26	图 6-27a
图 6-27b	图 6-27c

蓝的类似色相对比，使用低饱和度的淡紫、浅蓝光，充分发挥了蓝色波段光微妙的特长，又因白光的混入提高了亮度。如图 6-27c 中色温（约 5000K）的白光泛光照亮教堂主体，明亮的绿色光投射水平屋顶，窄光束的掠射光把尖塔凸出的装饰也染成绿色，与下部的几块绿色相呼应。色光的运用使教堂散发出时代气息，更给城市带来不同的精神气质，这便是"锦上添花"了。

"断章取义"是另一种塑造的手法。确定主题目标之后，通过恰当取舍、精心设计，使得建筑、景观等夜城市色彩的载体呈现出与昼间不同的面貌，这种塑造手法的关键是取舍。

【案例 81】柏林 Friedrichstadt-Passagen，"断章取义"的手法

柏林的 Friedrichstadt-Passagen 是个底层商业上部写字楼的建筑（图 6-28），白天可见连续的横线条把多个 45°转角竖向穿插体块连接起来。横纵线条的面板使用了透光的乳白板，背后隐藏着可调节光强度的荧光灯管。于是，夜晚不见了复杂的扭转体块，只剩下横纵线条，好似二维的当代抽象画，简洁的平面感衬托着彩

图 6-28 柏林 Friedrichstadt-Passagen，"断章取义"的手法（图片来源：作者自摄、百度图片）

色的转角入口，色光塑造出时尚的商业氛围。很明显，夜城市色彩与昼城市色彩要表达的主题不同，叙事方式也就不同了。

"凸显"是重要的塑造手法。

【案例 82】柏林索尼中心，"凸显"的手法

柏林索尼中心的中部修建了一个面积 4000 平方米、顶部为遮阳蓬的广场（图 6-29）。四周环绕着饭店、咖啡店、商店和娱乐场所，广场中央还设有喷泉和植被。遮阳蓬是此建筑群的特色，在夜间也应凸显出来。在"凸显"的手法中，经常使用色光。它的塑造作用强大。再加上遮阳蓬本身面积很大，形成的色彩力大，营造了强烈的氛围体验。设计师选用了表现力强的蓝、红色系。在蓝色模式下，利用人眼分辨此波段饱和度能力强的优势，采取同一色相的浓淡对比（色度比 SD1）；在红色模式下，局部投射绿光，形成补色对比（色度比提高到 SG1 级），创造高潮。两种模式前后交替，经由时间形成冷暖对比（色度比 SG3 级）。它们赋予建筑群有别于日间的另一种氛围。

"提升"是塑造必不可少的手法。它将白天不可弥补的缺陷消隐在夜幕中，给人呈现出完满的面貌。"提升"手法最典型的例子

图 6-29　柏林索尼中心，"凸显"的手法（右上图图片来源：百度图片，左图、右下图图片来源：谷歌图片）

是东京晴空塔，已在第 4 章分析过。

【案例 83】拉斯维加斯的自由女神建筑群，"提升"的手法

另一个例子是拉斯维加斯的自由女神建筑群（图 6-30a，
6-30b），其夜城市色彩比昼间有较大的提升。拉斯维加斯类似的
案例较多，这大概是它的夜景更加迷人的原因了。白天的自由女神
建筑群花哨琐碎、鲜艳多彩，冷暖相间的建筑群立面不但没有形成
背景，反而把自由女神像淹没其间。离雕像较近的低矮建筑也细节
丰富，对比鲜明，很是吸引眼球。因此，通常从正面拍摄自由女神
的照片并不成功，而偏一个角度从侧面拍的较多。此时，自由女神
以纯粹的蓝天为背景，建筑群则在雕像一侧。虽然不能用经典的审
美标准来评判拉斯维加斯，毕竟赌城的商业定位需要更多美艳、华

图 6-30a	图 6-30b
图 6-30c	图 6-30d
图 6-30e	图 6-30f

图 6-30　拉斯维加斯的自由女神建筑群，
"提升"的手法（图片来源：百度图片）

丽的面貌，体现在城市色彩上就是多色相、强对比、高饱和度。但度的把握很重要，繁华绚丽、丰富多样与主次分明、重点突出并不矛盾。几种照明模式决定了不同的夜城市色彩效果，都以突出自由女神为目标。首先是亮度（图6-30c）。自由女神的亮度最高（约L10级），压低其余建筑立面的亮度（约L6级），只留下近处建筑檐口部分的水平光带（亮度约L8级）与垂直的雕像呼应。总之，运用明暗对比手法归纳、整合建筑群立面，还雕像一个相对简洁的背景，以保证好的效果。如图6-30d，色光将建筑群统一成大致三种色彩，暗棕、亮黄、亮绿。人眼的分光视感效率在绿色波段高，因此绿色看起来亮。同时，自由女神白天也是绿色调的，绿光起到提高亮度、增加饱和度的作用，所以选用绿色光投射雕像。建筑群中的绿色与雕像光色一致，产生呼应。亮黄色以其高亮度冲淡了近处建筑的细节，将墙面融合成简洁的面，横向展开衬托着矗立的雕像。三个色之间有微妙、自然的过渡，最终的效果统一中不乏变化。其次是冷暖对比（图6-30e、图6-30f），建筑群立面被统一成棕红的暖调，自由女神是蓝、绿的冷调，以冷暖对比的方式衬托出雕像。为塑造迷人的商业氛围，拉斯维加斯的夜城市色彩需要更多变化。因此，整合后的暖调建筑群立面中又能看到各种变调色彩，但都被小心控制了面积和位置，最终没能跳出来与雕像竞争，而是与其产生呼应关系。

6.2.3　创造：无中生有、改变、动态

　　"创造"的设计手法是夜城市色彩独有的，是塑造一城双面的最强大手段。这个手法以服务场所主题、表达城市精神为目的，充满象征性、比拟性。它是大写意，不受既定外部空间及载体特征的束缚，更不受自然界中光规律的束缚。"创造"出的夜城市色彩是不合理但合情的，虽然在生活环境中无依据，但在人的心理空间中却有依据。它在营造特征氛围，触发人们情感上有独特的优势。"创

造"的手法可细分为"无中生有""改变""动态"。

【案例84】用灯光重建教堂，"无中生有"的手法

用灯光重建教堂[①]是非常典型的"无中生有"的手法（图6-31）。中国香港的建筑和产品设计团队NAPP在圣诞节完全采用灯光制作了建筑。他们以光线为元素覆盖了城市外部空间，把圣保罗大教堂在街道广场重建了起来。光的华丽与街道立面的质朴形成对比，凸显出历史感。不但营造出节日氛围，而且令区域的吸引力大增。笔者不禁畅想，运用"无中生有"的手法，在夜间重塑历史古城是可以实现的。北京的内外城城门就可以在原址，以夜城市色彩的形式重建起来。

图6-31　用灯光重建教堂，"无中生有"的手法（图片来源：微信公众号：Linmu）

【案例85】树木化身雕塑，"无中生有"的手法

投影技术使得"无中生有"更加容易实现。只要有创意，树林也能化身为雕塑的阵列（图6-32）。

"无中生有"的手法亦可以象征的方式实现。

① Linmu．中国公共艺术网．完全采用灯光、重建教堂．4月18日

图 6-32　树木化身雕塑，"无中生有"的手法（左、中图图片来源：谷歌图片，右图图片来源：百度图片）

【案例 86】仿火山的树池，象征的方式实现"无中生有"

如图 6-33，日本宾库县立先端科学技术支援中心的主入口广场景观中，绿化树池采用了仿火山的造型，每个土堆上面种一棵柏树。灯光设计在每棵树的顶端安装了红色 LED 灯，模拟火山喷发的岩浆。广场上的人造小山和竹园，也采取了类似舞台照明的手法，使用浓重的色光营造气氛。①

"改变"是创造最常用的手法。

图 6-33　仿火山的树池，象征的方式实现"无中生有"
（图片来源：《LPA1990-2015 建筑照明设计潮流》）

【案例 87】"改变"的手法，不合理但合情

如图 6-34a ~ c，树叶的色彩完全按照人的意志来改变。不论春夏秋冬，色光的投射可以让它们展现灿烂的秋景，也能营造冰雪的冬季氛围。灯光、投影更可以令建筑在夜间面目全非，原有的秩

---

① （日）面出薰 LPA. LPA1990-2015 建筑照明设计潮流 [M]. 程天汇，张晨露，赵姝译. 南京：江苏凤凰科学技术出版社，2017：36

图 6-34 "改变"的手法，不合
理但合情（图片来源：百度图片）

图 6-34a	图 6-34b
图 6-34c	图 6-34d
图 6-34e	图 6-34f
图 6-34g	图 6-34h
图 6-34i	图 6-34j

序被全部改变（图 6-34d ~ j）。夜城市色彩的改变只是夜间视觉效果的改变，不影响界面的物理性质和真实结构。它的虚拟性使得"改变"的手法发挥的空间很大。只要是符合场所主题、契合城市精神的效果，只要光与色、光与物的关系被设计出来，就能方便地进行表达，更能方便地更换。

　　"动态"是创造手法的一种。灯光本身就是动态的。从熊熊的篝火、摇曳的火烛，到闪烁的霓虹灯，直到当今的媒体建筑。LED大屏幕的出现与普及，使得建筑立面能够有生动而丰富的表情（图6-35）。在照明领域，灯光装置具有实验性，是比较前沿的、艺术的。近来，各种动态的、与人互动的灯光装置不断涌现（图 6-36），可见"动态"是一种很有发展前景的手法。但是，"动态"的手法有其内在的规律性（将在以下章节展开论述），需谨慎而恰当地应用。在总体规划的指导下，"动态"用在局部的、少量的城市标志物上，可以给夜城市色彩增光添彩。

图 6-35　"动态"的创造手法（图片来源：微信号 chuanmeiquanzi）

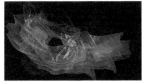

图 6-36　动态的、互动的灯光装置（图片来源：百度图片）

　　"呈现"、"塑造"、"创造"三大类设计手法在使用中并不是截然分开的。当"呈现"手法的写实中用了色光，特别是浓重的色光时，就开始有了"塑造"的成分。当"塑造"的内容与白天面貌差距加大，为场所意象、城市精神服务多起来时，"创造"的成分就出现了。这些手法的运用就是在合理与合情、理性与浪漫的交织中不断调整、融合而实现的。

第 7 章

规划：一城双面

7.1　现状

　　城市夜景照明规划在我国发展的历史不长，一般从 1989 年上海外滩景观照明规划算起，到笔者写下这些文字时还没有 30 年。技术的制约使得世界范围的经验也不多，更欠缺成熟的方法体系。对于规划的效果，还没有能够完整表达的语言，现有的照明技术指标很难描述人的体验。夜城市色彩是广义色彩的一种，它是夜间所有眼睛看到的和联想到的存在，是物质与精神的整体。因此，夜城市色彩成为表达效果的有效语言。下文将从现状案例分析入手，详述如何运用夜城市色彩的语言规划城市夜间景观面貌。

　　【案例 88】概念—技术型规划，大阪的"光之城"

　　大阪的"光之城"规划，目标是让大阪凭借灯光的魅力而闻名世界。2004 年成立了推进委员会，12 年如一日地将规划付诸实施。2010 年，又制定了"2020 年大阪光之城"的照明总体规划（图 7–1）[①]。这个规划提出"光之网中的轴线""照明活动日历""大阪夜晚的100 种场景"三个概念。接着，提出了实现总规的技术方式、技术指导原则以及详细实施方案，包括试点方案。虽然这是比较完备的

---

① （日）面出薰 LPA. LPA1990-2015 建筑照明设计潮流 [M]. 程天汇，张晨露，赵姝译. 南京：江苏凤凰科学技术出版社，2017：311

规划成果了，但仍然缺少宏观层面的效果愿景，分层分类的效果指引。作为总体规划，应明确夜城市色彩塑造的城市精神是怎样的，而规划所提的三个概念很难表达出城市夜间整体的气质。技术指导原则不能代替对照明效果——夜城市色彩的描述。因为这些技术方式只有照度、亮度、色温、光源高度、眩光指数等冰冷的数字，与人的感知相距甚远。可以认为，大阪的照明总体规划是概念与技术的简单相加，缺少最重要的效果愿景。

【案例 89】分散—设计型规划，新加坡市中心照明

新加坡市中心照明规划（图 7-2）首先从城市自然、人文的大背景中获得灵感，然后进行了详尽的现状调研，对垂直照度、色温

图 7-1
图 7-2

图 7-1　概念－技术型规划，大阪的"光之城"（图片来源：《LPA1990-2015 建筑照明设计潮流》）
图 7-2　分散—设计型规划，新加坡市中心照明（图片来源：《LPA1990-2015 建筑照明设计潮流》）

使用、光源眩光、显色指数、阴影层次、运作计划等多个方面做了分析。

我们知道，夜城市色彩的塑造性极强，当技术条件满足后，几乎没有硬性的限制。自然地理条件、人文传统因素只是灵感的来源，可以借鉴也可以忽略。新加坡的照明规划做了更多借鉴。如"闷热潮湿的气候——清新凉爽感觉的夜景。强烈的日光——有节奏感的光与影。热带植物——即使在夜间也要展现美丽的茂盛的绿色植物。丰富的滨水景观——反映城市水景的照明效果。种族多样化——多种照明效果的混合使用"[①]。规划赋予五个地区不同的主题，如优雅安宁的乌节，热情奔放、富有艺术气息的白浮沙，光和水组合的新加坡河，外立面和建筑顶层照明丰富的中央商务区，滨海湾的光的三维夜景[②]。在总平面图上，规划对主要道路的光环境、交通状况等因素做分析，制定了照明分区、色温分区、光地标和照度分布。以上是总体规划的主要部分。

可以看到，规划缺少夜城市色彩整体效果的愿景，来自自然、人文的灵感只是一系列措施。五个区域的主题也是分散的，不能从其中看到完整的夜城市色彩目标定位。这是以照明设计的视野、技术实施的角度做的规划，片面理解规划只是总平面图上的分区、分布示意。在城市外部空间中，期望从人视点看到的、体验到的内容，规划都应该明示出来，作为对效果愿景的落实。

【案例 90】分散—亮度型规划，北京中轴线照明

北京中轴线照明规划的目标有三个，"配合古都风貌的保护和传承，明确中轴核心元素的照明。配合城市功能的整合和拓展，完善中轴街道空间的照明。配合城市文化的发展和丰富，兼顾中轴沿线区域的照明。将中轴线建设成以天安门广场为中心，体现古都风

---

① 出薰 LPA．LPA1990-2015 建筑照明设计潮流 [M]．程天汇，张晨露，赵姝译．南京：江苏凤凰科学技术出版社，2017：250
② 同上

貌，历史文化以及现代发展的城市景观照明的核心轴线。"①在照明结构体系中，规划明确了哪些地方应该进行规划设计，如"标志——核心元素、道路——街道空间、区域——轴线区域、节点——重要节点"。然后，用效果图的方式说明达到的效果。效果图是鸟瞰的视角，可以看到亮度分布及其节奏（图7-3）。天安门核心区的效果图也仅展示了亮度变化的信息。

　　中轴线是北京城的脊梁，它的夜间面貌应从效果角度进行规划。亮度只是效果的一个方面，夜城市色彩才是人感知、体验到的整体。

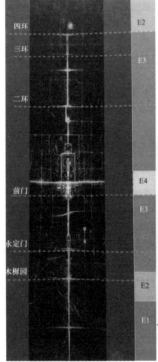

图7-3　分散—亮度型规划，北京中轴线照明（图片来源：《照明设计手册》）

① 北京照明学会照明设计专业委员会编．照明设计手册 [M]．北京：中国电力出版社，2016：415

所以需要做夜城市色彩的规划。首先要有明确的效果愿景，表达夜间城市欲塑造达成的目标，即色调类型。其次，要从人视点的画面、氛围如何组织、缀连的角度提出要求。可以推荐实现规划的微观手法和方法、技术方式等，但不是重点。规划应给未来的照明设计留下创作空间。

【案例 91】巨人型规划，明鮀万里的汕头内海湾

中国不少城市的照明规划在总平面图上表达夜间的城市意象。汕头市城市照明规划，采用遨游出海的"鮀鱼"形象打造汕头内海湾，表达"明鮀万里"的夜景观效果。如图 7-4[①]，在总平面图上，

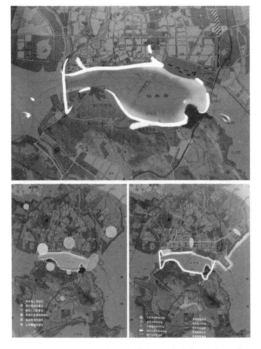

图 7-4　巨人型规划，明鮀万里的汕头内海湾（图片来源：《光改变城市：照明规划设计的探索与实践》）

① 李农．光改变城市：照明规划设计的探索与实践 [M]．北京：科学出版社，2010：63

规划把内海湾滨水岸线的适当位置照亮，意欲勾画出"鮁鱼"的形象。这种象征的手法很有意义，但表达的途径需要调整。除非附近有合适的俯瞰观景点（如高山、高大建筑物、构筑物等），城市中的人几乎没有机会从总平面图的视角去观察、感知城市。在总平面图上作画好似巨人规划城市，他俯视着城市，不是"浸泡"在城市外部空间中。规划要塑造的夜间城市效果应该从人视点出发，以人感知到的画面、氛围等途径实现城市整体效果的愿景，才能真正塑造出人可感知、体验的夜间城市。

综上，对照塑造一城双面的目标，城市夜景照明规划尚有很大的提升空间，我们应从夜城市色彩的维度重新考量规划。前方的路还很长，需要从业者们持续努力。

7.2　方法与步骤

如果把夜城市色彩看作是政府导演的一场城市戏剧，那么规划就是剧本，它决定最原初的东西。

政府是导演，通过制定、实施各项管理制度对规划剧本进行二次创作；市民是观众，也是深度参与者；演员是城市建筑、景观以及外部公共空间等。要获得好的规划剧本，就要有正确的方法与步骤。

首先，要分类型。在宏观层面把城市归类，找到最符合城市精神气质的夜城市色彩类型。具体地，夜城市色彩可以分为动、静两个大类。大类中又以色调类型划分为不同小类。归类后，人感知的夜城市色彩效果就清楚了，大致规律也明确了。

【案例 92】动型城市，拉斯维加斯

动型的城市总光量大、对比强、色光多、光运动频繁。夜城市色彩塑造的城市精神是外向的、积极动感的。但动中有静，动型的城市在居住区也是宁静的。拉斯维加斯就是典型的例子（图 7-5）。赌场等娱乐区灯火辉煌，光色斑斓，动感跳跃，是典型的电时代的艳色调。余下的住宅区则是静谧、幽暗的，属于电时代的次亮色调、火时代的暗色调。

图 7-5　拉斯维加斯夜景（左上、左下、右下图图片来源：百度图片，右上图图片来源：谷歌图片）

【案例 93】静型城市，圣马洛古城

　　静型的城市总光量偏小，对比弱，光很少运动，但色光的应用不一定少。静型城市中的动区更喜欢用色光在宁静中增加趣味。如法国布列塔尼地区圣马洛古城（图 7-6）。这个滨海小城在 16 世纪是繁荣的贸易港口，17 世纪为抵御入侵不断加固城墙和堡垒，第二次世界大战遭空袭破坏，战后重建至今保留着完整的城墙和原有城市风貌。圣马洛古城的夜城市色彩是静型的，大部分属于火时代的暗色调。某些商业空间运用了色光，以智能时代的浓色调诠释静中的动。

其次，要与空间结合。在中观层面，夜城市色彩规划需要运用色彩力的概念，将画面、氛围等人体验到的夜城市色彩效果与城市外部空间的要素——区域、道路、边界、节点、标志物结合起来。通过这些要素，夜间城市精神气质的塑造才落实到空间中。

区域兼有宏观和中观的特质。它的夜城市色彩面貌与其功能密切相关，不同的功能区应具备不同的色调类型，有不同的色彩力。夜城市色彩面貌好的城市，其不同区域都有鲜明的特征。

【案例 94】不同功能区，不同的色调类型

东京六本木商务办公区属于典型的电时代的亮色调，4000K 及以上的高色温、内透光主导了区域的夜城市色彩，其色彩力中等（图 7-7）。商业区通常色彩力大，属于电时代的艳色调。东京新宿商业街和大阪道顿崛（图 7-8），广告牌匾的总面积巨大，主导了城市的面貌，高饱和度、高亮度、强对比的色彩组成了夜城市色彩。因此，商业街的色彩力很大。如图 7-9，东京黄金街住宅区以内透光为主，中低色温的暖调，属于火时代的暗色调，宁静而温暖。色彩力中低。历史文化区的总光量小，明度一般不高，属于火时代的暗色调是最多的情况（图 7-10a）。当然，也会有智能时代的淡色调、智能时代的浓色调出现（图 7-10b ~ d），在忆古的幽思中增添些许时代的气息、暧昧而诱人的氛围。历史文化区的色彩力中小（说明：个别图片展示的虽是单体建筑，但其典型性能代表此区域的特征）。

然而，很多城市缺失有意识的夜城市色彩塑造，不同功能的区域几乎没有区别。

图 7-6 法国布列塔尼地区圣马罗古城夜景（图片来源：顾威摄影）

图 7-7 东京六本木商务办公区（图片来源：李衍宇摄影）

图 7-8a | 图 7-8b

图 7-9 |

图 7-8　商业区通常色彩力大
　　　（图片来源：谷歌图片）

图 7-8a　东京新宿商业街

图 7-8b　大阪道顿崛

图 7-9　东京黄金街住宅区
　　　（图片来源：谷歌图片）

图 7-10　历史文化区（图片来源：百度图片（除特别标注））

图 7-10a　罗马图拉真市场

图 7-10b　广岛严岛神社（图片来源：李衍宇摄影）

图 7-10c　罗马（图片来源：李衍宇摄影）

图 7-10d　柏林大教堂

图 7-10a | 图 7-10b

图 7-10c | 图 7-10d

【案例 95】反例，夜城市色彩趋同

如图 7-11a ~ d，北京的商务办公区、商业区、历史文化区和住宅区的夜城市色彩趋同严重。各个区域没有性格，色调类型不鲜明，难以归类，总体亮度大，色彩力中高。

道路和边界是线性的空间，也可以看作是空间序列。城市中个别的画面、氛围被道路、边界连贯成一个个空间序列，人便获得对夜城市色彩的动观体验。吸引人的空间序列具有色彩力节奏。这个节奏与欲塑造的主题相符，成为人感知的线索。这个节奏还决定了怎样连贯画面和氛围，以及连贯哪些画面和氛围。夜城市色彩的色彩力与亮度、色度、面积、对比关系和隐喻性有关。色彩力节奏的设计也是从这些要素入手的。

主题清晰、节奏鲜明的理想道路和边界很难找到，本书借用中国古典园林的空间序列做例子，试图阐明具有色彩力节奏的空间序

图 7-11　反例，夜城市色彩趋同（图片来源：李衍宇摄影）

图 7-11a　北京国贸 CBD

图 7-11b　北京前门大街

图 7-11c　北京故宫

图 7-11d　北京胡同

图 7-11a	图 7-11b
图 7-11c	图 7-11d

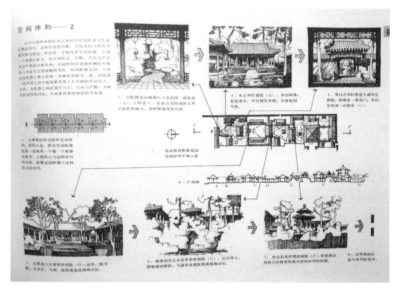

图 7-12　乾隆花园空间序列（图片来源：《中国古典园林分析》）

列是如何决定人的体验的。道路的感知更类似中国古典园林的串联式空间序列。如图 7-12[①]，彭一刚先生以乾隆花园为例，阐释串联形式在古典园林中的应用。"其特点是：使各空间院落沿着一条轴线一个接一个地渐次展开"。在他分析的空间序列基础上，笔者提炼、延伸、设计出夜城市色彩的色彩力节奏，在此做一次纸上谈兵的演练。

【案例 96】纸上谈兵：中国古典园林空间序列，夜色彩的节奏

"自乾隆花园南入口来到第一进院落，立即进入一条由山石组成的又窄又曲折的峡谷，视野被极度地压缩。"[②]空间序列的起点运用暗淡的低色温（2000K 左右）暖光，照亮峡谷内的通路。亮度（约 L4 级）达到通行安全便可。"至古华轩前院，亭台错落，松柏参天，不仅顿觉开朗，且富庭园气氛。"[③]此节点应显光、显色，

① 彭一刚. 中国古典园林分析 [M]. 北京：中国建筑工业出版社，1986：67
② 同上
③ 同上

整体明亮（亮度约 L8 级），亭台用彩色光染色（色度比 SG2 级），与松柏植被的幽暗剪影形成强对比。"穿过古华轩将进入遂初堂前院，院前有一垂花门。至此，空间再一次收束。"①此节点较暗，以暗而浓的彩色光为主（浓色调），染色垂花门及其对景假山石。冷暖对比的色光塑造出垂花门、门内假山石等多个层次（色度比 SG3 级）。"过垂花门至遂初堂前院，这里，既开敞，又方正，与前一进院落造成鲜明对比。"②此节点光线均匀照亮院子，明亮、均匀的暖白光（色温约 4000～5000K，显色性良好，亮度约 L8 级，亮度比 D1 级）把开敞、方正的空间体验充分表达出来。"继遂初堂之后是萃赏楼前院，山石林立，洞壑迴环曲折，与遂初堂前院构成极强对比。"③此节点人感知的是明暗强对比（亮度比 G4 级），整体亮度较低（亮度约 L5 级）。视野中面积很大的山石是暗的剪影背景，而楼阁建筑的顶部非常明亮（亮度约 L7 级），下部要压暗一个层次。于是，视野中大面积的暗沉山石与小面积的明亮屋顶形成明暗强对比。"再往后是符望阁前院，符望阁以其高大的体量形成为空间序列的高潮。"④此节点有多个对比叠加，色彩力很大。视野中大面积的山石树木较暗，亭台建筑较亮，产生面积对比和明暗对比（亮度比 G4/G3 级）。色光主要用在建筑等视觉焦点上，树木山石局部做染色点缀，且与建筑形成冷暖对比（色度比 SG3 级）。此三种最明显的对比都是强对比，叠加在一起形成空间序列的高潮。"过符望阁后进入序列的尾声。"⑤光线明显暗淡下来，仅保证基本的通行等功能照明。

　　实际上，道路的色彩力节奏设计规律与园林空间序列的一致。略微不同的是，除蜿蜒、曲折的道路外，多数道路的前方视野中没

① 彭一刚. 中国古典园林分析 [M]. 北京：中国建筑工业出版社，1986：67
② 同上
③ 同上
④ 同上
⑤ 同上

有对景，产生色彩力的界面在两侧。道路的宽高比（D/H）决定了视野中界面的面积，很大程度上决定了色彩力的大小。无论如何，色彩力节奏设计就是要有意识地创造一系列变化。利用诸要素的对比及其叠加，如明—暗对比、单色—多彩对比、冷暖对比、鲜灰对比、均匀通亮—阴影对比，大面积通亮—小面积亮点对比，等等，形成色彩力的变化。这种变化意味着夜城市色彩对人的影响力在变化，于变化中人们获得惊异和回味。

道路的色彩力节奏也可以用戏剧中光的变化节奏来比拟。[①] 一般全剧的光有整体变化节奏设计，这个设计基于视觉感知的变化特点。通常，视觉对各种色彩的感知要经历四个阶段，从不适应期、适应期、麻木期到厌倦期，人的体验从新鲜、适应、熟视无睹到期待改变。这里的色彩是广义色彩，是所有看到的存在。色彩的变化与不同感知阶段的搭配组合决定了色彩变化的效果。具体地，当第一个色对于视觉还处于不适应期时，第二个色进入眼帘，人并未感知到什么特别。这种快速的转换很快就会让人进入适应期和麻木期。可见，快速运动的光色不一定是吸引人的。随着时间的推移，第一个色进入视觉的适应期，此时出现第二个色，人就有新鲜感；第一个色进入麻木期时，第二个色进入视野，人感知到加重的不适应，因而心理上产生感动；第一个色进入厌倦期时，人心理上已经有渴望。这时，第二个色出现，将产生最大、最强的冲击力，一种全新的、惊异的体验。由此可见，色彩力变化节奏需要依据感知阶段的特点进行精心设计。

由于实践中很难找到色彩力节奏成功的样本，暂以日本 LPA 的规划设计方案为例。

【案例 97】日本六本木榉树坡大道，精心设计色彩力节奏

日本六本木榉树坡大道是一条 400 米长的商业街，照明设计并没有遵循高照度、均匀通亮的效果。设计师"减弱了人行道的亮

---

① 徐明. 舞台灯光设计 [M]. 上海：上海人民美术出版社，2009：84

度，用明暗交替的、有韵律的光线节奏，自然地引导行人透过街道最终注意到商店内部，并突出吸引人的店铺橱窗。""榉树和花草的重点照明则有助于营造一个引人注目、阴影丰富、回味悠长的街景。"①很显然，榉树坡大道的色彩力节奏主要由亮度的因素决定（图 7-13），用明暗的交替对比，使夜城市色彩对人的影响力大小交替变化，人的情绪兴奋、松弛交替转换，饶有兴味。整条街道具有丰富的阴影层次，商业橱窗的主题也被凸显出来。可见，商业街的夜城市色彩也不一定全部都是高亮度、高饱和度的面貌，精心设计色彩力节奏，可获得多样的解决方案。

边界虽然也是线性的，但它们是单边的，更多的时候可以当作二维的画面进行观赏。若在近距离、行进中观赏这个画面，就该如逐渐展开的山水画长卷般，是多视点的、连续画面。好的画面应该

图 7-13　日本六本木榉树坡大道，精心设计色彩力节奏（图片来源：《LPA1990-2015 建筑照明设计潮流》）

① （日）面出薰 LPA. LPA1990-2015 建筑照明设计潮流 [M]. 程天汇，张晨露，赵姝译. 南京：江苏凤凰科学技术出版社，2017：183

遵循第四章所述的规律，此处不再赘言。另外，边界临水的情况很常见。水是夜城市色彩的催化剂。边界界面的光、色在水中幻化出更大的面积、更丰富微妙的光色，产生很大的色彩力。

【案例98】大阪南天满公园，沿河边界的色彩力节奏

位于大阪中部中之岛东侧大川河北岸的南天满公园，有绵延400米长的沿河边界。这里是大阪市民观赏樱花的场所。设计师在此边界采用了LED间接照明，照亮边界的树木，用精心调配的彩色给树木染色。多种彩色变换映照到水面，观光游船产生的涟漪使得色彩更加微妙多变，好似英国画家威廉·特纳的水彩画（图7-14）。设计师把这种照明技术命名为"特纳灯光"[①]。这个边界的色彩力节奏好似西方的交响乐，是多个旋律立体交织在一起的。其中，彩色、被水面放大的面积是塑造色彩力节奏的重要因素。

节点是在中观层面感知夜城市色彩的因素之一，它主要通过氛围打动人。色彩力营造了氛围。

【案例99】巴黎拉维莱特公园，彩色光营造安全、有趣的氛围

拉维莱特公园在巴黎郊区，原来是屠宰场，有些偏僻。在城市更新运动中被重新开发、设计成著名的解构主义景观公园。虽然白天游人如织，但从傍晚开始就显得空旷冷清。公园是巴黎城市的节点之一，夜城市色彩巧妙使用了彩色，通过铺光、染色，加大色彩力。设计师们发现，"把色彩和大量的灯光用在大型空旷的场地时，就不会产生阴郁恐怖的环境，废弃了的停车场看起来像一个空寂的电影场景（图7-15）。在现实中，这里是很多人的约会场所（也是一条交通干道）。色彩在这里的效果非常突出，使这里就算是空无一人也显得生动。"[②]在这里，夜城市色彩以彩色为主要因素，

---

① （日）面出薰LPA. LPA1990-2015建筑照明设计潮流[M]. 程天汇，张晨露，赵姝
　　译. 南京：江苏凤凰科学技术出版社，2017：317

② （荷）克雷斯塔·范山顿编著. 城市光环境设计[M]. 章梅译，李铁楠校. 北京：中
　　国建筑工业出版社，2007：29

图 7-14　大阪南天满公园，沿河边界的色彩力节奏
（图片来源：《LPA1990-2015 建筑照明设计潮流》）
图 7-15　巴黎拉维莱特公园，彩色光营造安全、有趣的氛围
（图片来源：《城市光环境设计》）

图 7-14
——————
图 7-15

加大了色彩力，营造了安全而有趣的氛围，减少了这个节点的消极体验。

用夜城市色彩塑造标志物的实例很多，在第 6 章手法与方法中有不少阐述，此章略去。

最后，要有完整的成果表达。城市夜景照明规划升级为夜城市色彩规划，成果包括本文和图集两大部分。文本要阐述规划的目标、原则、策略、夜城市色彩类型、每个区域、道路、边界、节点、标志物的技术要求（如标准观察者特征、亮度等级、亮度比、色度比等）。图集包括城市光区图、城市亮度等高线图、城市道路与边界夜色彩图、城市地标与节点夜色彩图、城市夜色彩色度定位图、光色色谱、物色色谱、效果色谱、效果图谱等，最终将上述图纸汇总为夜城市色彩总图。

城市光区图表达城市区域的光分布特征。不同的城市夜色彩意象、城市性质、规模、空间结构、功能分区等将会有不同数量、大小、形状的光区，光区间或衔接，或断裂，或渐变，边缘虚实多样。如图 7-16 所示，从北到南依次是行政、文化、商务、滨水商业、居住风貌区，光区的形状、大小与城市的功能区吻合。文化、商业区的色温低、亮度高，对周边影响大，因此光区边缘模糊，与其他光区是衔接的关系；行政、商务光区的色温高、亮度中等，边缘清晰；居住区的亮度最低，边缘清晰。

城市亮度等高线图（图 7-17）类似空间等照度曲线图，它是对城市外部空间亮度分布的直观表达，主要把光区以及光区之间的亮度关系显现出来。用亮度级标注每条等高线的亮度水平。图 7-17 示意了总体规划层面的大致等亮度曲线，层次较少。随着规划深度的加大，等高线层次将增多，并更精细准确。此图需与城市光区图配合。

城市道路与边界夜色彩图（图 7-18）表达了如何从"线"的维度塑造夜城市色彩。依据夜城市色彩规划的目标、城市空间结构特征等因素，选择重点道路、边界，设计其色彩力节奏。此图需与色谱、图谱配合。

城市地标与节点夜色彩图（图 7-19）表达从"点"的维度体验夜城市色彩的方式。观察者的特征在这里显得尤为重要，可参照 CIE 标准观察者定义其视觉灵敏度曲线，观察者高度（如有数值标注，表明非正常身高）。在图中标出观察者的位置，确定观察视线范围。定义城市重点视廊，标出主要观景点位置，按照观察者与地标的距离计算地标的亮度等级（此处考虑了城市空气对光线的吸收）。确定不同级别的多个节点，对等级较高的节点定出观察者位置、视线方向，主画面视觉焦点的亮度等级、亮度比、色度比。此图需与色谱、图谱配合。

城市夜色彩色度定位图（图 7-20）是在简化的色品图上，标出夜城市色彩的分布，从宏观上直观了解此城市夜色彩的类型。不同大小的圆点表示面积的不同，能一目了然色彩之间的主从关系。

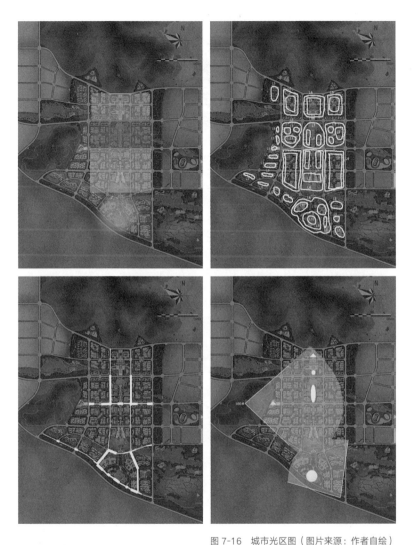

图 7-16　城市光区图（图片来源：作者自绘）

图 7-17　城市亮度等高线图（图片来源：作者自绘）

图 7-18　城市道路与边界夜色彩图（图片来源：作者自绘）

图 7-19　城市地标与节点夜色彩图（图片来源：作者自绘）

说明：三角表示地标，节点由不同大小的圆、椭圆表示

图 7-16	图 7-17
图 7-18	图 7-19

 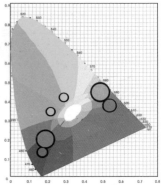

图 7-20b ｜ 图 7-20a

图 7-20　城市夜色彩色度定位图
（图片来源：作者自绘）

此图需与色谱、图片配合。如图 7–20b，是浓色调的树木夜色彩。大面积的色彩集中在饱和度高的区域，两对心理补色黄—蓝，红—绿均出现了。

色谱图包括光色色谱（图 7–21c）、物色色谱（图 7–21d）和效果色谱（图 7–21e），显示了此城市夜色彩主要用光的色彩，城市物质载体的主要色彩，以及光色与物色复合后的主要色彩。其中，物色色谱需标注物体表面的反射率，效果色谱要有观察者视点距离等特征的说明。

效果图谱（图 7–22）是表达夜城市色彩最终效果的图谱，它呈现了光色与物色复合后的色彩进行组合所获最终效果，效果图谱也需标注观察者特征。

我们看到，上述图纸都是相互联系、配合的，很难单独表达意义。因此，在完成这些图纸后，需将它们叠加汇总到一张夜城市色彩总图上。以城市总平面图为底，把有关光、色的诸多规划意象落实到城市空间中。

图 7-21　色谱图（图片来源：
a/b 李嘉豪拍摄，c/d/e 作者自绘）

图 7-21c　光色色谱

图 7-21d　物色色谱

图 7-21e　效果色谱

图 7-22　效果图谱（图片来源：作者自绘）

图 7-21a	图 7-21d
	图 7-21c
图 7-21b	图 7-21e
	图 7-22

第8章

展望：媒体建筑、建筑群、城市

8.1 概述：未来的标配

　　智能时代发展到今天，媒体建筑应运而生。社会经济的发展对建筑的媒体功能提出更高要求，消费时代的广告需要建筑的表皮作为载体，诸多因素汇聚到一起，最终在迅猛发展的互联网、LED 技术触发下，媒体建筑、媒体建筑群、媒体城市诞生了。最早的媒体建筑可以追溯到 1986 年，伊东丰雄 (Toyo Ito) 设计的日本横滨风之塔，1999 年荷兰鹿特丹的 KPN 电信大厦也是较早的项目。媒体建筑引起普遍关注、开始迅速发展的里程碑是 2003 年奥地利的格拉茨美术馆，这个蜷伏在古典建筑中的"友善的外星人"把环形荧光灯作为像素附着在建筑表皮上，构成低分辨率的图像。21 世纪的十几年间，媒体建筑在世界范围大量涌现，我国近年的发展更是惊人。笔者收录了国内外 48 个案例（表 6）。如把国内的案例全面统计进来，应该有近百个。它们极大地影响着夜城市色彩的效果，左右着人们对城市精神的体验。

　　总的来说，国外的案例规模小，以建筑单体或构筑物、艺术装置居多；设计精心，播放内容精美；形式语言与表达的主题密切相关，不以高亮度、高亮度比取胜。国内的项目规模大，从几十栋到几百栋建筑的媒体建筑群、媒体城市都有；高亮度、多动态；播放内容设计粗糙，概念化地用色、简单的文字标语，图像与建筑形体的结合不够；虽然有主题，但形式语言的表达并不到位，像未做好的命题作文一样。这些现象其实很正常。目前，大规模的建筑群变身为媒体建筑群在世界范围内都是新事物，尚有很多技术问题需要解决，国人还顾不上仔细推敲播放的内容。更重要的是，以色彩为主体的形式语言未被大多数设计师熟练掌握。很多时候，做色彩设计依靠悟性而不是遵循规律。

不少学者认为，媒体建筑将是 21 世纪建筑的一种新范式。不管如何定位和定义，无论现状的实践水平如何，媒体建筑已经对夜城市色彩产生巨大影响，成为智能时代的一种典型类型。现有的媒体建筑多出现在有传播需求的商业、娱乐、会议建筑；需要展现艺术姿态的美术馆、艺术馆、构筑物、雕塑、景观装置等；以及需要标榜雄厚资本的银行等金融建筑上。它们多以"显"的方式出现。在可以预见的未来，随着科技的进一步发展，LED 及其控制设备造价越来越低廉，体积越来越小巧，它们构成的"像素"被"编织"进建筑表皮。如同保温层一样，具有媒体功能的媒体层将成为建筑的标准配置。这时，大多数媒体建筑将以"隐"的形式出现。白天与一般建筑并无二致，夜间却可能彻底换了模样。

8.2 两个类型、三个特征、三个要素、一个关键

媒体建筑大致分为两个类型，发光和反光。最早也是最简单的发光类型媒体建筑，是由内透光实现的。如柏林的 Blinkenlights，通过调亮、调暗、开启或关闭每一个单元窗户的灯光形成图像，并跟广场上的观众互动（图 8-22）。大多数发光类型的媒体建筑是在建筑表皮的构造中增加相当数量的发光光源，形成像素点，发光

的像素点数量不同，呈现的图像分辨率就不同。反光类型的媒体建筑与通常泛光照亮建筑的原理一样，都是反射光的效果。不同的是，媒体建筑反射的是复杂的投影图像，通常是动态变化的、与人互动的，比给建筑简单地铺光、染色传达了更丰富的信息。巴黎圣母院新年灯光秀是比较经典的案例，下文将详细分析其形式语言的特征。

媒体建筑具有"三动"特征，即主动、生动、互动。建筑从被光照亮，到主动发光；光从辅助照亮建筑，到成为建筑舞台上的主角；夜间的建筑不仅能被增光添彩，也能展示多元的生动信息；人从被动地欣赏建筑夜景，到主动参与建筑夜景的创造；人与建筑互动的结果，使得建筑、建筑群、城市活了起来，参与到人的生命进程中。

无论是体验还是设计媒体建筑，都需要从三个要素入手，即像素、色彩、运动。

建筑表皮上发光像素的数量、尺寸、间距决定了图像的分辨率，以及传播信息的复杂程度。早期的媒体建筑像素数量少，单个像素尺寸大，间距也大。如荷兰鹿特丹的 KPN 电信大厦只有 900 个像素；奥地利的格拉茨美术馆也只有 930 个像素，其每个像素是直径 40cm 的 40w 环形荧光灯。那时的媒体建筑不追求分辨率，只期望通过这种特别的形式增加建筑的标志性。随着技术的发展，特别是 LED 的广泛应用，多像素、高分辨率的媒体建筑大量涌现。维也纳的 Uniqa 大厦有 18 万个 LED 像素点，它们被隐藏在建筑双层幕墙之间的结构框上。澳门的 Grand lisboa，其媒体立面有 100 万个像素点。一般的媒体建筑有几万个像素点已不是稀罕的事，如武汉的万达广场、韩国天安的 Galleria 商业中心、阿塞拜疆的巴库火焰塔，等等。

"色彩"的要素包括"亮度""彩色""面积"三个方面。在这里，"色彩"指广义色彩，即所有看到的、并由此想到的存在。"彩色"

指狭义色彩，主要是较高饱和度的彩色。"亮度"已在第 1 章定义。"面积"是指媒体屏幕发光（或反光）的面积，即是所有面积都点亮，亦或局部显亮显色。

大多数媒体建筑由 LED 点光源汇聚而成，很容易达到高亮度等级（L11/L12）、高亮度比（G1/G2/G3）。这些效果需恰当应用，才不会产生负面影响。芝加哥千禧公园皇冠喷泉，用玻璃砖柔化了 LED 颗粒形成的显示屏表面亮度，使得人们在夜晚即便在很近的距离活动时，也不至于感到其图像过于刺眼。

LED 实现了全彩变色，媒体建筑可以呈现任意的色彩效果。但是，很多媒体建筑、特别是国内的媒体建筑，其播放内容在运用彩色时就显得粗糙而简单。其实，彩色更容易渲染气氛、凸显特色。上海迪士尼的灯光秀就用彩色营造了欢乐的童话氛围（详见下文 8.3 形式语言）。东京银座 Chanel 大厦运用单一的白色光，媒体立面呈现出黑白图案，与品牌的色彩定位高度吻合，充分展现了 CHANEL 的品牌内涵（表 6、图 8-29）。

"运动"的要素包括"速度"和"轨迹"。媒体信息变化的速度、运动的轨迹与表达的内容密切相关。前一帧与后一帧以什么速度变换、以怎样的轨迹变换，都取决于内容，轨迹还与建筑立面造型特征等因素紧密相连。

总之，对于媒体建筑的三要素来说，"像素"是琴键，"色彩"是音符，"运动"是节拍，它们共同表达着媒体建筑播放的内容。内容是最终奏响的乐曲。当像素被编织进建筑表皮，媒体功能成为建筑的标配时，媒体建筑可以各种形式出现，显现或者隐藏媒体身份。它们可以被设计得奇怪甚至丑陋，也可以平庸亦或美丽。美丑不是问题的关键，播放内容的设计才决定了媒体建筑最后的成功。

在媒体建筑的价值金字塔上（图 8-1），内容设计处于关键的中间层面，上承精神表达，下接技术支撑。很明显，精神表达是媒体建筑的最高价值。随着科技的发展，人的意志挣脱各种束缚变得越来越自由。人日益与城市物质容器合一，身处的空间、周遭的氛围全由人来控制，在实时互动中与身体共鸣。此时的城市真正成为了生命体。于是，夜城市色彩所呈现的便是城市的精神。这个未来城市的图景是媒体建筑形成的，表达城市精神将是媒体建筑的终极目标。目前，媒体建筑尚属发展的初期，正在解决技术支撑的诸多问题，夯实价值金字塔的基础。但是，从基础不可能一跃至顶端，精神表达的终极目标必须经过中间层面——内容设计的承接。只有通过播放内容，媒体功能才能发挥其表达精神的作用。恰当的内容设计才能准确地表达精神。形式语言决定了内容设计的效果。在很多情况下，由于设计者对形式语言的把握欠缺，内容设计的效果不理想。国内外媒体建筑的现状问题多数集中在这一点上。因此，笔者把探讨内容设计的形式语言作为重点，试图摸索一些规律以支持实践。

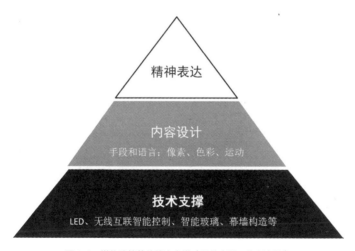

图 8-1　媒体建筑的价值金字塔（图片来源：作者自绘）

1986—2018 年重要的媒体建筑实践案例　　　　　　表 6①

1.【1986　日本横滨】风之塔　构筑物（43.45 平方米）

媒体建筑的先驱。在白天它是百货公司、银行和办公大楼组成的灰蒙蒙景观的一部分，随着日落它又成为一个描绘且记录城市变化无常状态的装置。环形霓虹灯随光线的变化而自动调节明暗开关，灯饰串随着城市交通的噪声起伏而起舞，泛射灯随着风速和方向的变换而此起彼伏。这里，建筑成为"流动的、可以观看的音乐"。

图 8-2　风之塔（图片来源：百度图片）

2.【1999　荷兰鹿特丹】KPN 电信大厦　单体建筑

只有 900 个像素点的 KPN 大厦通过多媒体设计人员的巧妙编排以及网络开放式互动设计，在建筑迎河立面上形成了丰富而有趣的表现内容，图形、文字、动画、电脑小游戏等等，成为引人入胜的城市景观。

图 8-3　KPN 电信大厦（图片来源：百度图片）

---

① 表中内容参考了百度搜索到的诸文章，包括但不限于《干货 | 爆发式的媒体立面背后的故事》、《媒体建筑发展的线索》、《基于 LED 照明技术的媒体立面设计》、《作为城市新兴景观的媒体建筑解析》等，向各位作者致谢。

3.【2003　奥地利】格拉茨美术馆　单体建筑

第一个典型的媒体建筑。异形的体量蜷伏在古典建筑之中，当地人亲切地称之为"友善的外星人"（a friendly alien）。双层表皮，外层是蓝色塑料玻璃，下层是 BIX 系统，即由 930 个直径 40cm 的 40w 环形荧光灯组成的矩阵，以及计算机软件和电路系统。可以控制每个荧光灯的亮度，进而形成低分辨率的图像。

图 8-4　格拉茨美术馆（图片来源：百度图片）

4.【2004　芝加哥】千禧公园皇冠喷泉　公共雕塑

是两座相对而建的、由计算机控制 15 米高的显示屏幕，交替播放着代表芝加哥的 1000 个市民的不同笑脸，欢迎来自世界各地的游客。每隔一段时间，屏幕中的市民口中会喷出水柱，为游客带来突然惊喜。每逢盛夏，皇冠喷泉变成了孩子们戏水的乐园。显示屏前的玻璃砖墙面柔化了 LED 颗粒的表面亮度，使得人们在夜晚即便在很近的距离活动时也不至于感到其图像过于刺眼。

图 8-5　千禧公园皇冠喷泉
（图片来源：谷歌图片）

5.【2006　维也纳】Uniqa 大厦　单体建筑

设计之始，业主就提出了必须将公司的企业形象融入到大厦照明中去的要求。设计师将 18 万个 LED 像素点安装在建筑双层幕墙之间的结构框上，很好地隐藏起来，在白天它们几乎看不见。在夜间，LED 的灯光则构成了一个覆盖建筑的光幕。同时，多媒体设计师为项目设计了演示内容，最终的灯光效果呈现出丰富的变化，如扭曲和旋转等，建筑在夜间呈现出不同于日间的另一个面貌。Uniqa 公司的标识也通过照明被表达出来。该项目是 LED 光源在建筑媒体立面中的第一次大规模使用，对此后的显示类媒体立面项目具有非常重要的影响，它也正式揭开了商业建筑媒体立面时代的序幕。

6.【2008　北京】静雅酒店 Green Pix　单体建筑

酒店外墙是具有生态意义的媒体立面，采用了一种光电单元玻璃幕墙，由 2300 块、9 种不同规格的光电板幕墙组成。有不同透光密度、融入了智能控制系统。幕墙采用太阳能电池板和 LED 灯。白天，安装在玻璃幕墙后的太阳能电池板将太阳能转换为电能并储存；晚上，储存的电能为多媒体幕墙的显示工作提供能源。

图 8-6　静雅酒店 Green Pix（图片来源：百度图片）

7.【2008 西班牙萨拉戈萨】世博会 单体临时建筑

西班牙萨拉戈萨世博会上的 African Pavilion 的"Wall of Africa"全部采用的是 5400k 的白光 LED。对比分明的黑白图像使得整个建筑立面更具艺术感，也留给观众更多想象的空间。

图 8-7 西班牙萨拉戈萨世博会非洲馆（图片来源：百度图片、谷歌图片）

8.【2010 上海】世博会上海企业联合馆、国家电网馆 单体临时建筑

昵称"魔方"，占地面积约 4000 平方米，位于世博会企业馆展区。围绕"城市，升华梦想——My city，Our dreams"的理念。

图 8-8

图 8-9

图 8-8 上海世博会上海企业联合馆（图片来源：百度图片）

图 8-9 上海世博会国家电网馆（图片来源：百度图片）

9.【2012　法国里尔】教堂内的莲花穹顶　电音教堂

为激活被废弃的文艺复兴建筑，艺术家用数百个超轻型人造花组成莲花穹顶，在圣马德林教堂中展出。当人靠近它时，穹顶会点亮并绽放花朵；人增加时呈现更为动态的气氛；人少时呈现轻柔的呼吸效果。投影在墙上的莲花图像与重低音效果使文艺复兴的环境变为"电音教堂"。

10.【2012　林茨】无人机像素阵列　表演

50 ～ 100 架无人机方阵在空中投影出视觉奇观。无人机作为一个像素，使得像素阵列由二维进入到三维。每个无人机有一组RGB LEDs，通过远程控制改变其亮度和颜色。这些无人机通过GPS 导航并远程控制，最长续航时间 20 分钟，最快速度 50 公里每小时。继林茨之后，在伦敦、汉堡、悉尼都进行了表演。

图 8-10　教堂内的莲花穹顶（图片来源：2018 国际媒体建筑双年展）　　图 8-10

图 8-11　无人机像素阵列（图片来源：2018 国际媒体建筑双年展）　　图 8-11

11.【2012　芬兰赫尔辛基】Silo 468　构筑物

为对前工业区进行大规模的城市再开发，建成宜居的住宅区，启动了"光影艺术计划"。此项目是将废弃的油库变为公共活动区域。钢筒仓直径 35 米，高 16 米，筒壁被开了众多的孔。白天内部光影斑驳，晚上，表面的 1280 个白光 LED 被软件控制，闪烁、晃动，好像成群的飞鸟。当地的盛行风能实时触发各种光模式，将光与海景融合起来。

图 8-12　Silo 468（图片来源：2018 国际媒体建筑双年展）

12.【2013　武汉】万达广场　单体建筑

该建筑拥有 2.3 万平方米的媒体幕墙，其像素由 86000 个不锈钢球体组成。每个金属球都以两种方式完成对光的投射：向前发光和向其背后的金属背板发光，从而构成了一个具有真实景深的双层屏幕，因而可以承载更加绚丽多彩的媒体内容。双层媒体幕墙夜间播放媒体内容，吸引过往人群，有效地促进了商业活动。

图 8-13　万达广场（图片来源：百度图片）

13.【2013　丹麦哥本哈根】城市画布，丹麦产业总部　单体建筑

4000 平方米的显示立面，分辨率较低。超过 80000 个 RGB LED 可以单独控制亮度和颜色，实现全彩变色。其具有"城市画布"的交互式插件，路人通过手机与其他人共同在媒体立面上作画，由此不断改变和增加广场的气氛。

图 8-14　城市画布（图片来源：2018 国际媒体建筑双年展）

14.【2014　索契】冬奥会景观 MegaFaces　装置

将显示技术与自拍文化结合，用来表达每个人对冬奥会的祝福。它是一个 18 米 ×8 米的动态立面显示装置，由 10477 台伸缩式执行机构组成，每个机构可以延伸 2 米，并配有定制的 RGB LED，集成在磨砂聚碳酸酯球内，可分散光线并均匀分布在运动的立面上。这些执行机构与 LED 共同创造三维图像。人们在 3D 照相亭的自拍将显示在立面上。冬奥会期间，共显示了 15 万张巨型自拍照。

图 8-15　冬奥会景观 MegaFaces（图片来源：2018 国际媒体建筑双年展）

15.【2014　南昌】一江两岸景观照明规划设计　建筑群

静态 300 栋建筑，动态 96 栋建筑。南起南昌大桥，北至八一大桥（长约 8 公里）。载体范围包括两岸建筑物、桥梁、堤岸，是南昌城市形象的名片，也是市民游客集中活动场所。以静态、白光为主，表现城市空间及建筑的本身特征；以动态可变的表演吸引游客，在 96 栋建筑立面上设置的 LED 点光源，整体联动形成两岸长卷，展示高山瀑布、滕阁秋风、落霞孤鹜等南昌独有的特色。

16.【2014　巴塞尔】光雕带，巴塞尔艺术博物馆　单体建筑

一个以"隐"的方式优雅呈现媒体建筑魅力的典型案例。巴塞尔艺术博物馆新场馆 3 米高的媒体面、LED 灯与墙面的砌砖完美融合，好似古典建筑的雕带一般。在日间，它精准地模拟日光的亮度，看起来是以阴影勾画图像。随着日光渐暗，亮度逐渐提高；夜晚形成了穿透性立面，好像能直接看到建筑内部。整体效果富有诗意，虚无缥缈。

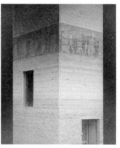

图 8-16　巴塞尔艺术博物馆（图片来源：2018 国际媒体建筑双年展）

17.【2014　俄罗斯，首尔】立体投影　装置

立体投影是通过全息影像技术在半空中建立动态图像。它具有 180 个可控弧面镜，得到一组子投影阵列。通过电脑软件控制光源和光线的密度、方向，数百万条光束在空中被编织成光影幻象，几何形状、幽灵般的身体、月亮一样的影像等等，并以动画的形式呈现出来。这种新技术将极大拓展媒体建筑、夜城市色彩的领域。

18.【2014　丹麦】能源塔　建筑＋构筑物

发电厂的建筑和烟囱被媒体立面包裹，它有约 190 米长的纤细身体，成为城市新景观。深棕琥珀色的阳极氧化铝板覆盖建筑，铝板上分布着不同直径大小的孔，有 25 厘米、50 厘米、75 厘米、100 厘米；主体建筑上少，塔上较多。白天，透过小孔可见建筑的围护结构。夜晚，在外表皮和围护结构之间的 RGB LED 发光，光效从空洞中散发而出。每个 LED 都可以单独控制亮度和色彩，发挥一个像素的作用。能源塔可以与市民互动，在纪念日改变颜色和灯光图案。

图 8-17　能源塔（图片来源：2018 国际媒体建筑双年展）

19.【2015　德国汉堡】圣保利俱乐部　单体建筑

这是一个建筑立面与媒体装置融合较好的案例，预示着在不远的未来，媒体功能将成为建筑立面的标配之一。圣保罗俱乐部位于汉堡的主要娱乐和夜生活区之一。六层楼的建筑空间包括音乐俱乐部、办公空间、酒吧和餐厅以及现场演出活动场所。其立面由不同深度半透明的金色金属板构成，包括 177 平方米的高清媒体立面网，265 平方米的 RBG LED 灯组和在升降梯区域配置的 50 平方米的高清显示面。媒体层与建筑立面的其他结构使用同一形式的母题，交织在一起。专门设计的视频影像在不显示广告或信息时启用，彰显俱乐部的身份特征。

图 8-18　圣保利俱乐部（图片来源：百度图片）

20.【2016　杭州】G20 峰会钱江新城核心区主题灯光　35 栋建筑

项目范围自东向西，东起庆春路，西至清江路，总长 3.5 公里，整部灯光秀总时长是 15 分钟，以"城·水·光·影"为设计主题，分为"城之魂""水之灵""光之影"三个篇章。整个项目共采用 LED 点光源 36 万余个，洗墙灯、投光灯 5800 余套，透明导光灯 8200 余套。项目的建筑包括：T 型城市阳台、杭州国际会议中心、杭州大剧院、市民中心以及钱江新城 CBD 商务区域建筑群。

21.【2016　澳大利亚】光的领域　装置

项目在澳大利亚中部红色沙漠的艾尔斯岩附近，使用了 50000 根细长的光纤，光纤顶部装有发光的冰晶玻璃球体，每个球体可显示不同颜色的光。使用太阳能，以 36 块太阳能板和 144 个投影机使其充满活力。该装置覆盖了 49000 平方米，相当于 7 个足球场，长度大约 18 公里。人们可以从多个通道进入，从不同位置观看。这些柔和的光照亮了偏远的沙漠地区。

图 8-19　光的领域

（图片来源：2018 国际媒体建筑双年展）

22.【2017　厦门】金砖五国会议　灯光秀

以23栋建筑为灯光秀的舞台,改造提升了1400多个建筑、岸线、山体、公园。研究厦门的地理环境、人的性格、生活状态之后,定位为"安静、优雅,生活的光",为当地人生活服务为主。有主色调,以白光、暖金色光为主,亮度适中,整体效果略显单调。在每栋大数上设置有电脑服务器,将大楼的表面设计成大屏,采用4G无线网络联动控制,形成了局部区域网,再通过远程中心控制平台,投放动画演绎。

23.【2017　巴黎】巴黎圣母院新年灯光秀　单体建筑

媒体建筑动态内容设计的经典,详见本章下文解说。

24.【2018　青岛】上合峰会　以50栋建筑媒体立面为舞台

定位为"美丽的青岛,美丽的湾,和谐的城市,好客的光"。山东人豪爽好客,用光明朗、明快、喜庆。互联网远端控制,一键切换播放内容。整体效果是高亮度、高饱和度。

25.【2018　上海】进口博览会　黄浦江景观照明提升

340多栋建筑,4座跨江大桥和杨浦大桥、南浦大桥,16座码头。预计2020年完成,截止到2018年进口博览会时,灯光改造初见成效,基本改变了以往外滩争奇斗艳、五颜六色的混杂情况,主次分明,统一中有变化。但上海的个性不鲜明,主色调缺失。

图 8-20　上海黄浦江景观照明提升（图片来源：百度图片）

26.【2018　莫斯科】大剧院预热世界杯灯光秀　单体建筑

现代风格的图像投影到大剧院的外墙上，营造世界杯氛围。

图 8-21　莫斯科大剧院预热世界杯灯光秀（图片来源：百度图片）

27.【年代不详　柏林】Blinkenlights　单体建筑

较早的以公共艺术形式出现的媒体建筑。建筑楼体上有数量众多的窗，通过调亮、调暗、开启或关闭每一个单元窗户的灯光形成图像，并且跟广场上的观众进行互动。

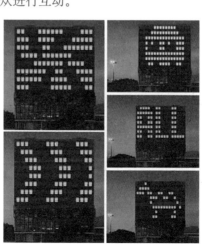

图 8-22　柏林 Blinkenlights（图片来源：百度【前沿动态】媒体建筑到底是个什么鬼？）

28.【年代不详　韩国首尔】Galleria 百货商厦　单体建筑

首尔 Galleria 百货店是一家有名的高级精品商店，拥有很高的知名度。媒体立面的光效彰显了其韩国流行时尚的中心的地位。

图 8-23　韩国首尔 Galleria 百货商厦（图片来源：百度图片）

29.【年代不详　韩国天安】Galleria 商业中心　单体建筑

该项目是新开发区的门面，是利用双层幕墙制造视错觉的典型案例。基于"动态流"（Dynamic Flow）的概念，利用双层幕墙使观察者在不同位置看到不同形状，产生波纹效应。它将 2.2 万颗 LED 分布于 1.26 万平方米的立面上，并通过程序完成一个动态的照明方案，将立面转变为一个包裹商场的发光幕墙。该项目被欧洲《照明设计》杂志称为"里程碑"。

图 8-24　韩国天安 Galleria 商业中心（图片来源：百度图片）

30.【年代不详　纽约】世贸 7 号楼立面　单体建筑

将 LED 灯光与红外传感器相结合，完成了一个可以和行人互动的媒体立面作品。

31.【年代不详　比利时布鲁塞尔】Dexia 德克夏银行大楼　单体建筑

Dexia 大楼 38 层，高 145 米，是比利时首都布鲁塞尔达亚塔第三高的建筑。它座落在罗吉尔广场的中间，像一座灯塔一样照耀着城市。从城市的几个主要道路都可以看见它。"元素主义(Elementalism)"设计理念在德克夏银行塔楼建筑中淋漓尽致地体现出来。独特的互动控制系统允许个人和公共空间进行互动交往，还可以创建用户之间的互动。LED 覆盖阶梯形的大楼，总面积 4400 平方米。lab-au设计的该装置在每个窗口放置 12 个 LED（发光二极管），使整个建筑看起来像个大画布。以每月不同的颜色代表温度的增加或减少。此外，还有颜色表示湿度，风速，降水。

图 8-25　Dexia 德克夏银行大楼（图片来源：百度图片）

32.【年代不详　澳门】Grand lisboa　单体建筑

该项目的媒体立面有 100 万个像素点。

图 8-26　澳门 Grand lisboa（图片来源：百度图片）

33.【年代不详　伦敦】儿童眼科门诊部　单体建筑

外幕墙的水平向三角形遮阳板是活跃的灯光载体，它们被打亮，通过变换颜色改变建筑给人的印象。

图 8-27　伦敦儿童眼科门诊部（图片来源：百度图片）

34.【年代不详　高雄】大立精品店　单体建筑

高雄大立精品百货建筑耗资 50 多亿台币，以旋转为设计母题，打造出 360° 城市景观曲线。它利用铝片搭建外观的水平线，再利用玻璃撑起倾斜式的垂直面。LED 灯光透过大小方向不同的玻璃，折射出不同的效果。整个建筑立面灯光效果震撼，号称亚洲最大的LED 灯光幕墙。从功能上来说，弧线的立面起到遮阳、遮风、挡雨的作用，材质全部涂上了釉料。在夜间，竖直玻璃鳍片边缘的照明将柔和的色彩散布在立面上。光照强度和颜色效果是数字控制并编排的，为建筑的外表平添一分流动性。

图 8-28　高雄大立精品店（图片来源：百度图片）

35.【年代不详　东京】银座 Chanel 大厦　单体建筑

56m 高的建筑立面幕墙后是水平布置的线型 LED ，灯具也采用了单一的白色，呈现出的黑白图案和品牌的色彩定位高度吻合。由艺术家专门设计的视频内容，充分展现了 CHANEL 的品牌内涵，也显示出黑白图案强大的表现力。

图 8-29　东京银座 Chanel 大厦（图片来源：百度图片）

36.【非典型案例　桂林】万达文旅展示中心　单体建筑

投资 2 亿元的桂林万达城展示中心是桂林万达文旅系列项目的一部分，通过总面积 235 平方米的大型椭圆沙盘和巨幕多媒体投放，全面展示桂林万达城雁山地块、和平地块两大项目的全貌，并设有生活体验区等不同功能区。展示中心以桂林独有的山水元素为建筑外立面，设计试图融合桂花、象鼻山、龙胜梯田等代表元素，体现桂林山水的神韵。

图 8-30　桂林万达文旅展示中心（图片来源：百度图片）

37.【非典型案例　韩国】　釜山电影中心　单体建筑

2005 年，韩国釜山国际建筑文化节组织了一次设计竞赛，目的是为釜山国际电影节（BIFF）打造一个新家。奥地利建筑公司蓝天组的激进派设计获得了第一名，并于 2008 年底开工建设，在四年后的 2012 年竣工。在短短几年的时间里，该建筑赢得了国际建筑奖和芝加哥建筑设计博物馆颁发的 2007 年美国建筑奖，并且以其世界"最长悬挑屋顶"打破了吉尼斯世界纪录。

图 8-31　韩国釜山电影中心（图片来源：百度图片）

38.【年代不详　新加坡】ILUMA　单体建筑

Iluma 是一个集娱乐和零售于一体的开发项目，坐落在新加坡著名的白沙浮街区（Bugis Street），目前艺术、教育及娱乐是这一街区的主要职能。在这栋建筑中，线性体块与曲线形雕塑造型体块形成了对比。线性建筑元素可容纳停车场，零售店，电影院和表演空间；而雕塑造型建筑元素内，沿漫步道容纳一些比较小型的零售和娱乐活动。建筑师与来自柏林的艺术家合作为 Iluma 设计了三维水晶网媒体墙立面，由小面的像宝石似的固着物组成，在白天闪闪发光，到了晚上则发出绚丽夺目的光芒。水晶媒体墙立面将节能灯泡置入定制设计的反射镜 ，由软件控制。

图 8-32　新加坡 ILUMA（图片来源：百度图片）

39.【非典型案例　美国】纽约港务局巴士总站　单体建筑

港务局巴士总站位于美国纽约州纽约市，是美国最大的公交车站，从 1950 年 12 月 15 日开始运营。港务局巴士总站是纽约市中心一个较大的建筑物，据路透社 2008 年 12 月 14 日报道，其"Virtualtourist"网站将港务局巴士总站评为世界上最丑陋的十大建筑。

图 8-33　纽约港务局巴士总站（图片来源：百度图片）

40.【非典型案例　韩国】SEOULSQUARE 首尔广场　建筑群

首尔广场是首尔象征性的中心。

图 8-34　首尔广场（图片来源：百度图片）

41.【非典型案例　法国】巴黎阳狮集团　单体建筑

阳狮集团（Publicis Groupe），法国最大的广告与传播集团，创建于 1926 年，总部位于法国巴黎。

图 8-35　巴黎阳狮集团（图片来源：百度图片）

42.【非典型案例　德国】Berliner zeitung 德国《柏林报》大楼　单体建筑

德国《柏林报》（Berliner Zeitung）创刊于 1945 年，是柏林－勃兰登堡地区人们订阅报纸的首选，读者群主要是生活在德国首都东部地区的人们。2006 年，《柏林报》平均每天的读者数量为 47 万人，最高日销量超过 18 万份。

图 8-36　Berliner zeitung 德国《柏林报》大楼（图片来源：干货｜爆发式的媒体立面背后的故事）

43.【年代不详　阿塞拜疆】巴库火焰塔　三栋建筑

　　火焰塔 (Flame Tower) 是阿塞拜疆首都巴库的新地标建筑，屹立在巴库里海边的高地上，在巴库的任何角落几乎都能看到它。三座楼体设计成曲线优雅的火焰状，为了展现巴库历史上对火的崇拜。塔体用蓝色的镜面玻璃做外装饰，夜晚变成巨大的显示屏，使用超过 10000 个大功率 LED 灯把火焰塔装饰得熠熠生辉。

图 8-37　巴库火焰塔（图片来源：干货｜爆发式的媒体立面背后的故事）

44.【非典型案例　新加坡】ION Orchard　单体建筑

爱雍·乌节（ION Orchard）位于新加坡著名乌节路核心地带，涵盖时装、生活、娱乐和餐饮等不同领域，是新鸿基地产（新地）在新加坡的合资项目 Orchard Turn 中的国际级顶尖商场。

图 8-38　新加坡 ION Orchard（图片来源：干货 | 爆发式的媒体立面背后的故事）

45.【非典型案例　冰岛】Harpa 哈帕音乐厅　单体建筑

哈帕音乐厅和会议中心，位于冰岛首都雷克雅未克的海陆交界处，是冰岛最新最大的综合音乐厅、会议中心。设计灵感来自冰岛冬季夜晚，神秘莫测的夜幕极光和火山石的形状。建筑幕墙由上千块不规则的几何玻璃砖组成，随着天空的颜色和季节的变化反射出万千颜色。

图 8-39　Harpa 哈帕音乐厅（图片来源：干货 | 爆发式的媒体立面背后的故事）

46.【年代不详　中国浙江】舟山普陀大剧院　单体建筑

普陀大剧院位于浙江省舟山市普陀区，屹立在蜿蜒的海岸线上。总建筑面积 24000 多平方米，大剧院建筑造型独特，有着动感的曲线轮廓，外层覆盖白色六边形巨网表皮。43000 多套灯具隐藏在幕墙外层六角形连接杆内侧，朝白色里层墙体投光。在非规则曲面建筑上大规模使用多点式间接光，成功地实现了以点现面，却只见面不见点的光艺术效果。灯具隐藏在幕墙内侧，保证了建筑体白天的美观；采用墙壁反光、投射出来的方式，保证了光的均匀、柔和，避免了炫光。

图 8-40　舟山普陀大剧院（图片来源：爆发式的媒体立面背后的故事）

47.【年代不详　法国】巴黎 ALÉSIA 电影院　单体建筑

媒体立面与建筑造型很好结合的又一案例。设计师将 500 平方米外立面的玻璃幕墙打造成了翻折、起伏的样式，随后在其表面附上了 14 条金属板，并选择了正中的 12 块，加入了 22 万粒密集分布的 LED 模块。这些 LED "像素点"分布密度并不一致，从中部向两侧是逐渐减小的；在屏幕上播放的画面，因此带上了点画的渐变效果。而这 12 块 LED 板，可以组合在一起播放同一预告片、广告和电影海报，还可以进行独立播放。影院门口的遮雨棚是几块翻折的 LED 板，上面呈现着从建筑外立面的显示屏上延伸下来的灯光和画面，在推门进入影院时，观影的氛围就已开始营造。

图 8-41　巴黎 ALÉSIA 电影院（图片来源：干货丨爆发式的媒体立面背后的故事）

48.【2008　中国】北京水立方　单体建筑

国家游泳中心又被称为"水立方"（Water Cube），位于北京奥林匹克公园内，是北京为 2008 年夏季奥运会修建的主游泳馆，也是 2008 年北京奥运会标志性建筑物之一。它的设计方案，是经全球设计竞赛产生的"水的立方"（$[H_2O]^3$）方案。

图 8-42　北京水立方（图片来源：干货丨爆发式的媒体立面背后的故事）

8.3　形式语言：回归普遍规律

媒体建筑播放的内容有静态的，也有动态的，其形式语言的表述重点不同。静态的内容形成景观画面，动态的内容如同上演城市戏剧。无论动静，它们都遵循着一些普遍规律。

8.3.1　景观画面

媒体建筑播放的静态内容形成城市中的景观，如绘画作品一般呈现在人们面前。这些画面与第4章讲述的不同，它们不是简单给建筑铺光染色的结果，而是挣脱了建筑形体的束缚，完全按人的意志呈现的图像。可能是低分辨率的更抽象的色块，也许是高分辨率的更精细的图案，还可能是媒体建筑群形成的、多立面组合的长卷。这些景观画面除了要符合第4章有关规律外，还有一些特殊性。

形成低分辨率景观画面的媒体建筑，以德国汉堡的圣保利俱乐部最为典型。

【案例100】德国汉堡的圣保利俱乐部，色块为主

圣保利俱乐部的立面由不同深度半透明的金属板构成，局部采用高清媒体立面网、RBG LED 灯组和高清显示面。媒体层与建筑立面的其他结构使用扁长的矩形母题，播放的内容以色块为主。

这些色块组合富有感染力，主要由三个层次的关系叠加而成。第一层是冷暖关系，如图 8-43，首先映入眼帘的便是冷暖两大色调。图 8-43e 最为典型，蓝、黄冷暖对比鲜明。第二层是明暗关系，综合了亮度和饱和度，给冷暖色相加上了明度框架。图 8-43a 可见，明度层次非常丰富，去色之后仍很生动。第三层是色相关系，冷暖两大色调内部运用了多个邻近色相。图 8-43a 冷色调内有蓝、紫，暖色调内有土黄、红棕。图 8-43c/d 冷色调内有蓝紫、群青、湖蓝，暖色调内有紫、紫红、玫红。这种在冷暖对比主导下的多种色彩关系叠加，是形式语言运用较好的例子。在媒体建筑三要素中，色彩

图 8-43　德国汉堡圣保利俱乐部（色块为主 图片来源：a、b 图百度图片，c、d 图谷歌图片，e 图百度图片）（二）

是最核心的。把色彩的语言讲好，基本就能获得好的内容。

精细的图案是媒体建筑形成的又一种景观画面，它或者由高分辨率的媒体立面呈现，或者是投影所得。无论发光还是反光，成功的案例都与建筑立面造型紧密结合。也就是说，建筑立面造型建立了结构框架，图像的变化要与这个框架对话，产生一定的逻辑关系。

【案例 101】巴黎圣母院灯光秀，图像与建筑结合紧密

巴黎圣母院是典型的哥特建筑，塔楼、垂直线条、玫瑰窗、透视门等都是其立面的鲜明特征。灯光秀投影的图像与这些造型结合得非常紧密。如图 8-44a、图 8-44b 以玫瑰窗为中心放射状布局，精细纹样的树、暖调子的明亮中心，这些视觉焦点都位于玫瑰窗的圆心。图 8-44c 图像用冷暖色仔细勾勒了教堂的横竖线条。有趣的是积雪的位置，都准确地落在略微突出的拱券上方。图 8-44d 局部显现的竖线条仍然出现在教堂的竖向构件上。可见，当媒体立面呈现的内容与立面造型的结构框架有清晰的关系时，景观画面就精彩了。

【案例 102】青岛上合峰会灯光秀，图像与建筑结合不好

青岛上合峰会灯光秀是在现代高层建筑组成的媒体建筑群上呈现的。单体建筑造型简洁，体形竖高；建筑群天际线高低起伏，是水平、垂直的折线。但是，媒体立面上播放的图像与上述建筑形式特征联系较少，特别是大簇气球上升的图像（图 8-45a）和铁路的图像（图 8-45b），圆形、斜线等与单体建筑轮廓、建筑群天际线都没有关系，显得很突兀。

媒体建筑群是国内近几年出现的新事物，未来有很大发展空间，但现状问题较多。若从静态的景观画面看，局部问题是与建筑造型结合不好，整体问题则是不会绘制长卷。媒体建筑群将众多媒体立面连接起来，在几公里范围的城市空间中展开景观画面。观看这些画面要经历时间，具有中国古代绘画长卷的特征。中国画的长卷虽然不宽（通常约 20 多公分），但一般 3～5 米多长，要随着画面的展开逐段观赏。媒体建筑群形成的景观长卷同理。像青岛上合峰

会灯光秀那样，有可能从较远距离一次看到全貌的情况较少。更多的时候，如此宏大尺度的长卷是一部分、一部分被感知的。于是，中国画长卷的规律可以拿来借鉴。

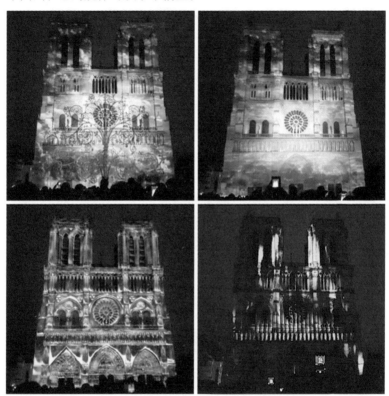

| 图 8-44a | 图 8-44b |
| 图 8-44c | 图 8-44d |

图 8-44　巴黎圣母院新年灯光秀（图片来源：百度视频截图）

图 8-45　青岛上合峰会灯光秀（图片来源：百度视频截图）　　　　　图 8-45a | 图 8-45a

【案例103】《洛神赋图》、《女史箴图》、《清明上河图》长卷的特征

中国画的长卷大致具有三个特征，即分段、变化、层次。

长卷与小幅绘画的最大区别就在于"长"，分段落是与观看一致的处理手法，也是其最重要的特征。《洛神赋图》（图8-46）以故事情节为线索，分段将人物置于自然山水之间。《女史箴图》（图8-47）按照不同箴文成章，内容与构思都是独立的。《清明上河图》（图8-48）按照空间分段落，大致为汴京郊外春光、汴河场景、城内街市三部分。经历时间被观看的内容都有分段的序列设计。中国古典园林将空间分为段落，创造了步移景异的体验，是三维空间中的长卷。媒体建筑群比中国园林更为简单直观，界面图像的不同构成了长卷的不同段落（当然，这些界面也塑造着另一个虚拟空间。这方面内容不是本文的重点）。但是，某些不成功的案例却把大画布当作小画布，把长卷当作扁长比例的小画，没有分段处理（图8-45），造成了媒体立面播放图像的粗糙、简陋。

图 8-46 洛神赋图（图片来源：谷歌图片）

　　长卷的画面要长而不冗，就需要段落的划分。变化是划分段落的方法。如图 8-47《女史箴图》原为 11 节，现存 9 节，每节有小楷书箴文。以箴文题词分段是比较简明的手法，各部分独立性更强，已不是段落而是章节了。《女史箴图》9 个章节各不相同，从图少底多的空灵到图像密布的繁复，又回到空灵。《清明上河图》（图 8-48）也是从疏可走马的郊外到密不透风的街市，最后回到舒朗的城郭边界。长卷如同乐曲，画面须有起承转合，序曲、过渡、高潮、尾声都不能少。

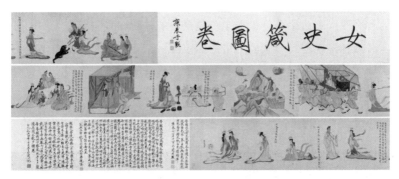

图 8-47　女史箴图，于非闇 1940 年临摹顾恺之的作品（图片来源：中华古玩网、雅昌艺术网）

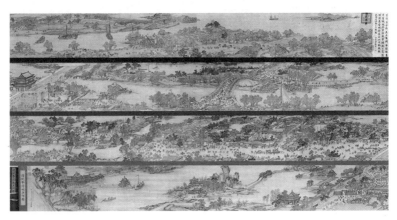

图 8-48　清明上河图（图片来源：谷歌图片）

长卷的变化借助画面不同层次及其关系的变化而实现。一般有 2～3 个层次，主体、背景和辅助部分，好比乐曲的旋律、伴奏和低音。《女史箴图》最简明（图 8-47），主体人物在留白的背景之上，有少量的山、树、兽作为辅助。基本是两个层次的图底关系。不同章节的人物多寡、疏密、聚散不同，留白背景也不同，于是各章产生变化。《洛神赋图》（图 8-46）的主体是人物及其使用的舟船、马匹、轿子等，背景是树木山水，大致分为两个层次。一个层次变化，另一个层次随之变化。主体的面积或大或小，或聚或散，与树木山水交融穿插，实现了各段落的变化。《清明上河图》（图 8-48）至少有三个层次，建筑、桥梁、城郭是主体，众多人物是辅助，树木、河流、大地是背景。汴京郊外的建筑稀少，河流、树木等自然背景成为此段落的主角。城内街市的段落建筑是主体，在数量庞大的各色人物及交通工具等的辅助下形成高潮，树木、大地退为背景。长卷最后的段落仍以城郭、建筑为主体，河流、树木等自然因素是背景，点缀很少的人物。段落内不同层次相互关联的变化，成就各段的变化，最终实现分段表达的、统一中有变化的长卷。

8.3.2 城市戏剧

动态内容是媒体建筑播放的主体，它们好似城市空间中上演的戏剧。简单地说，可以把它们看作连续播放的一帧帧画面，只要符合上文所述规律便可。但当我们把动态内容看作音乐时，便会发现，那些美妙的曲子都有着更为复杂的规律。在媒体建筑三要素中，"像素"好比琴键，"运动"是节拍，"色彩"是音符。随着科技的发展，像素——琴键越来越多且优质，胜任演奏任何乐曲。于是，如何把音符——色彩（亮度、彩色、面积）组织好，以恰当的节拍——运动（速度、轨迹）呈现出来，将决定乐曲——动态内容的优劣。

媒体建筑、媒体建筑群上演的城市戏剧是在宏大空间中进行的，人们不得不看。这种极强的公众性使得播放内容有责任是公益的，即要达到良好的艺术水准。以下的研究便是试图用规律启发设计师，避免错误，得到良好的设计成果，使得这些城市戏剧给人们带来审美体验。每个华彩乐章都是稀有艺术品，仅符合规律是远远不够的。达到艺术金字塔的顶端要靠个人的悟性和最后的灵光一闪，需要专业人员的终生努力。

【案例 104】巴黎圣母院灯光秀，经典的动态内容

为纪念一战胜利 100 周年，巴黎圣母院上演了灯光秀"圣母之心"，是动态内容的经典之作。动态内容的核心是运动，运动由变化产生。有规律的变化形成节奏，产生有趣味的、有审美价值的运动。典型的变化总是从对立的一极到另一极，这个进程多次重复就能体验到典型的节奏。如果将媒体建筑三要素中的"色彩""运动"展开，就得到"亮度、彩色、面积、速度、轨迹"五个分要素。分析这五个分要素，能清晰地看到动态内容的节奏。为更直观地表达，五个分要素与每帧图像及其图谱对应，构成动态内容的五线谱。

如图 8-49 所示，巴黎圣母院灯光秀具有典型的节奏。图像的亮度从暗、渐亮，达到亮，然后以暗结束；第二个小节又从暗、渐亮到亮，然后渐暗，最后以暗告终。彩色的运用是从无彩色开始，到略微暖、暖色占主导的彩色、冷色占主导的彩色，再到冷色，结束第一小节；第二小节是冷调的，以不太明显的冷色开始，到明显的冷色，再到冷色主导的彩色，达到高潮，又逐渐转变为不太明显的冷彩色、冷色。从上述表达可见，单纯描述彩色是很难的，必须与其他要素一起讨论。因为人感知的从来都是广义色彩，是个整体。所谓明显不明显，主要和其他几个分要素有关。"面积"指媒体立面上图像的面积，在图 8-49 截取的这两小节中，巴黎圣母院立面上的图像从小—中—大—中—较弱的大—很大—较弱的大，最后以小告终。图像变化的速度也是从快—中—慢—快—中—慢—中—快，以慢结束。运动变化的轨迹是多样的。从各个分要素的变化来看，都遵循着由对立的一极到另一极的规律。一个循环构成一个小节，

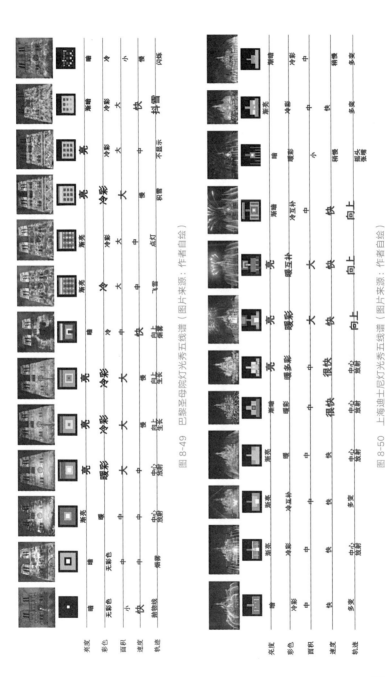

图 8-49　巴黎圣母院灯光秀五线谱（图片来源：作者自绘）

图 8-50　上海迪士尼灯光秀五线谱（图片来源：作者自绘）

下一小节可以略微不同，但大的趋势仍是一极到另一极。

　　节奏的形成是五个分要素紧密配合而成的。图8-49有两小节，每个小节都包括序曲、发展、高潮、尾声四个部分。处于起始阶段的序曲，图像的亮度暗，是无彩色，面积也小。它以快的速度和抛物线的轨迹把视线吸引过来，探寻、期待下面更精彩的内容。发展的部分由暗渐亮，彩色也配合着从无彩色变为暖色，但暖色的面积不大，这个变化的速度也不快，处于中等水平。下面迎来高潮，图像的亮度、面积都达到最大，鲜明的彩色出现，由暖色主导到冷色主导。高潮的速度降到中、慢，让人静心欣赏画面。中心放射、向上生长的轨迹都与巴黎圣母院的立面造型结构紧密契合。尾声部分图像再次变暗，冷色面积变小，烟雾快速向上腾起，结束这个小节。可见，典型的高潮部分图像总是明亮的、大面积的彩色，暖调、冷调交替。画面一般精彩、完整，所以速度降下来，适合慢慢欣赏。序曲和尾声部分通常比较暗，无彩色或者较少彩色，面积小。由于画面不完整，一般快速通过，并以独特的轨迹抓住视线，以期待后续。

　　经典的动态内容与平庸之作的区别至少还包括以下三点：过渡、故事性（趣味性）、与建筑立面造型的结合。此三点无法分别做分析，必须整合讨论。

　　巴黎圣母院灯光秀的变化过渡几乎完美，但规律很简单，都是保留前一帧图像的一部分，增加一些新内容（图8-49）。其增加内容的方式很巧妙，具有故事性和逻辑性。比如树上长出红苹果、透视感极强的开门、抖落积雪、喷火焰、碎了散开、拉开幕布，等等。巧妙地增加新内容，还包括与建筑立面造型的紧密结合，即图像与结构框架一直在对话。比如，逾越框架的色彩从框架中衍生出来，或者逾越的色彩被归纳到框架中去，或者框架外的与框架内的色彩同时呈现，再平顺过渡到框架内。这些做法使得图像逾越结构框架也变得合情合理。有时，图像逾越结构框架符合生活逻辑，如积雪、泻下水、透视开门、晃动抖雪，等等。

【案例105】上海迪士尼灯光秀，高 n 个调子，以彩色取胜

巴黎圣母院灯光秀具有经典的故事性，上海迪士尼灯光秀则把欢乐的童真渲染到了极点。它的五线谱比通常的媒体动态内容高出 N 个调子，好比从 C 调升到 A 调。彩色的运用是其最突出的特征。如图8-50，无论序曲、高潮还是过渡、尾声，所有的阶段都用了彩色。从彩色的分要素看，都属于强的范围。但强中还有更强，也有次强和不太强。更高频率的声音只要有变化，加之巧妙组合，仍能产生音乐。图中可见，在较弱的序曲部分，使用了冷色主导的彩色；发展阶段，彩色渐暖，出现了冷色的互补色；高潮来临，暖色主导，彩虹般的多彩色、互补色等极强对比的组合相继出现；亮度始终相伴左右，序曲较暗，发展期渐亮，高潮大亮。尾声以冷色主导的彩色结束，亮度渐暗。小面积的、暗的暖彩色，成为高潮与尾声间的喘息。

迪士尼灯光秀的高调子，还缺不了面积分要素的贡献。图中面积不只始终处于中、大，还从二维的立面发展到三维空间，头顶的烟花、四周的喷泉，它们携带着彩色，使色彩力达到最大。迪士尼的高调子，还依赖速度、轨迹这两个分要素。速度快、轨迹多变，产生目不暇接的效果。与其他媒体动态内容相比，迪士尼的速度都是快的。但它仍有变化，从快到很快、到稍慢。更有意思的是那些细碎、多变的轨迹，总有 2～3 种变化轨迹同时出现。更快的速度、更多的轨迹，使得更多的画面、更多的色彩呈现出来。媒体立面、四周喷泉、空中烟花、光束都是色彩的载体。在三维、四维的时空中，色彩力达到最大，对人的影响力极强。

在图像与建筑立面造型的关系上，迪士尼灯光秀的图像多数不拘泥结构框架，但又与之对话。迪士尼城堡的天际线大致是三角形的。这个形状成为母题被充分尊重，彩虹、花环等图形都反复应用之。三角形城堡立面的几何中心是各种中心放射构图的中心，视觉焦点的图形、卡通人物都在这个中心。高潮时的多彩城堡是在城堡

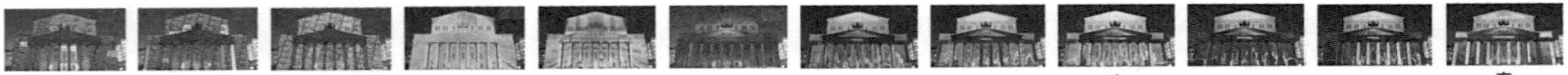

亮度	亮	亮	亮	亮	亮	暗	渐亮	渐亮	亮	渐暗	渐亮	亮
彩色	红	红	红	蓝	蓝彩	无色	蓝彩	篮彩	蓝彩	蓝彩	蓝彩	蓝
面积	中	中	中	大	大	极小	中	中	中	小	中	中
速度	中	中	快	快	快	停顿	快	中	快	中	中	快
轨迹	闪烁 斜上	闪烁 斜上	斜上	显亮	射门	熄灯	闪烁	闪烁	闪烁	波浪	闪烁	闪烁

图 8-51　俄罗斯世界杯灯光秀五线谱 1　序曲部分（图片来源：作者自绘）

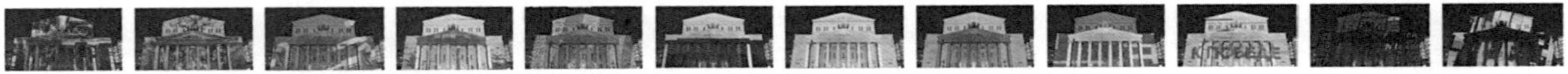

亮度	暗	稍亮	稍亮	亮	稍亮	强对比	亮	亮	亮	亮	稍暗	强对比
彩色	红彩	红彩	红	红	红	无彩色	蓝	蓝红	红	红蓝	红	无彩色
面积	中	大	大	大	大	中	大	大	大	大	中	中
速度	中	中	中	快	中	很快	很快	快	快	快	中	快
轨迹	旋转	中心 放射	斜向	水平	斜上	上下	刷屏	刷屏	水平	水平	斜上	斜向

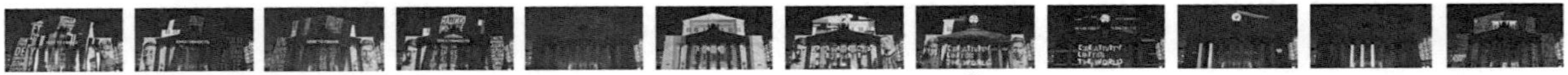

亮度	稍亮	稍亮	稍暗	稍亮	暗	亮	亮	亮	稍亮	暗	暗	稍亮
彩色	黄	红	蓝	黄	无色	红	无彩色	红	红	无彩色	无彩色	红
面积	中	中	中	中	无	大	大	大	中	小	小	中
速度	稍慢	中	稍慢	稍慢	停顿	很快	快	中	中	很快	很快	中
轨迹	斜上	闪烁 斜上	斜上	闪烁 斜上	熄灯	中心 放射	水平	闪烁	水平	跳跃 闪烁	跳跃 闪烁	闪烁 斜上

图 8-52　俄罗斯世界杯灯光秀五线谱 2　红调小节（图片来源：作者自绘）

立面的结构框架中重新填色而成的，或者整合原有形状为一个大形状，或者打碎原有形状，或者给原有形状附上新的色彩。总之是小心改变原有立面色彩的边缘轮廓。改变的程度不同，效果不同，但从来不会无端忽视原立面造型的存在。就像建筑师要尊重地域特质、场地特征来设计新建筑一样，个别地标建筑可以与环境毫无关联，但多数情况下还要在限制中跳舞，与既定条件建立逻辑关系。

【案例 106】世界杯主题灯光秀，红蓝节拍，节奏鲜明

2018 年世界杯开幕前夜，一场世界杯主题的灯光秀投影到了莫斯科大剧院的立面上，以迎接世界杯到来。与迪士尼令人目盲的五色变幻不同，此灯光秀好似进行曲一般，节奏鲜明，有规律性极强的变化。整个动态内容由两种模式——红调小节、蓝调小节构成，红、蓝小节反复播放，清晰可辨的律动充满生命气息，体育运动的活力、感染力油然而生。

序曲部分红、蓝小节全部出现。如图 8-51，以热烈的红调小节开端，但持续时间较短，便进入蓝调小节。蓝调小节的舒缓主导了序曲的性格。红调小节最为突出的是文字组成的图案斜向上运动，与白色图像的闪烁组合在一起。两种轨迹增加了动感，图案投影在剧院立面上，但门廊被小心让出来，成为暗的剪影。既尊重了立面结构框架，又没有拘泥于此。进入蓝调小节，亮度提高、面积最大（所有立面都被照亮）、速度快，加上足球射门的运动轨迹，把冷色（蓝色）主导的图像也推向高潮。随后熄灯停顿，再渐亮、亮、渐暗、渐亮、亮，蓝色主导的图像时快时慢，闪烁着出现。序曲部分呈现了动态内容的全貌，只是对比程度不高。

序曲之后进入热烈的红调小节，逐步发展为高潮。红是既亮且艳的色光（笔者在第 1 章已经详述），作为强小节的主调色是最恰当的。如图 8-52，虽然红调小节较长，但各分要素始终都保持在较强的水平。除了节奏必需的暗以外，亮度一直很高，甚至出现强对比。除红色以外，红蓝对比令彩色的对比达到最强。无彩色白光

塑造的明度对比也黑白分明，非常强烈。面积多数都是大、中、速度为中、快，经常出现很快的状况。多种轨迹叠加，斜向上、闪烁、跳跃、中心放射等进一步渲染了高潮感。可以看到，多数图像都在立面造型的结构框架外，但不少图像又仔细保留了原有立面的层次，比如留出门廊部分单独投影。

蓝调小节是高潮后的放松。蓝是浓艳而微妙的色光（笔者在第1章已经详述），是塑造弱小节的合适色调。如图 8–53，蓝调小节的图像具象，更尊重立面的结构框架。绿草坪、足球、蓝天，夹在紫色门廊和蓝绿色墙面之间的建筑群、变换的天际线，都很写实。它们大多以较慢的速度、中、小的面积，平稳的左右变化轨迹呈现出来。虽然有亮的时候，但多数是暗、稍暗的。彩色中有黄绿、紫色的加入，但蓝色仍主导着色调，使得图像始终以较弱的状态显现。

接着，红调小节又出现，进入下一个循环。每个小节、每个循环之间都有暗的、熄灯的停顿作为标点符号。在较长的红调小节中也能看到这样的休止符。

综上，明亮、鲜艳的红调小节，抽象的图案快速闪动、斜向上升、跳跃，多轨迹重叠变幻；稍暗的、浓艳微妙的蓝调小节，具象的写实影像平缓变化，局部是无光的、黯黑的。在红、蓝、红、蓝小节的交替中，世界杯灯光秀呈现的大节奏并不快，但很鲜明。而在一个小节内，特别是红调小节，快速闪动、跳跃很多，律动感却非常强烈。

【案例 107】杭州钱江新城灯光秀，缺少变化

2016 年 G20 峰会成就了杭州钱江新城的灯光秀，形成逾 10 公里的钱江夜景长卷。仅核心区就有 30 多栋建筑被设计成媒体建筑，几十万个 LED 和其他灯具通过 4G 无线互联智能控制被整合在一起，诞生了城市尺度的媒体建筑群。笔者相信，随着科技的加速度发展，更大尺度和规模的媒体建筑群都可能出现，它们将对夜城市色彩产生巨大影响，担起塑造城市精神、面貌的重要责任。也就是说，技

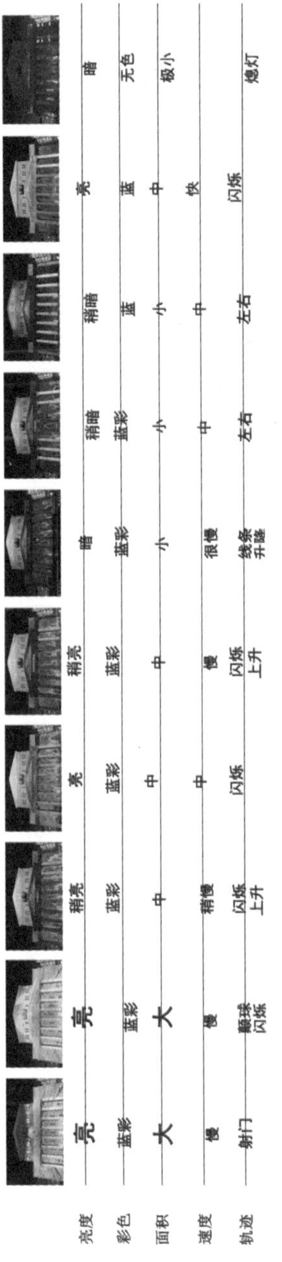

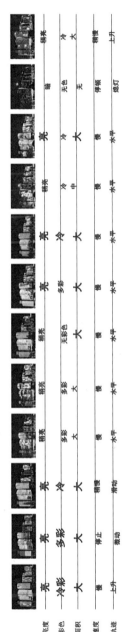

亮度	亮	稍亮	亮	稍亮	暗	稍暗	稍暗	亮	暗
彩色	蓝彩	蓝彩	蓝彩	蓝彩	蓝彩	蓝彩	蓝	蓝	无色
面积	大	中	中	中	小	小	小	中	极小
速度	慢	稍慢	中	慢	很慢	中	中	快	
轨迹	射门	颠球闪烁	闪烁上升	闪烁上升	线条�升腾	线条扛腾	左右	左右	闪烁	熄灯

图 8-53 俄罗斯世界杯灯光秀五线谱 3 蓝调小节（图片来源：作者自绘）

亮度	亮	亮	稍亮	亮	稍亮	亮	亮	稍亮	亮	亮	稍亮	稍亮
彩色	冷彩	多彩	冷	多彩	多彩	无彩	多彩	冷	冷	冷	无色	冷
面积	大	大	大	大	大	大	大	大	大	大	无	大
速度	慢	修正	稍慢	慢	慢	慢	慢	慢	慢	慢	停顿	稍慢
轨迹	上升	震动	滑动	水平	水平	水平	水平	水平	水平	水平	熄灯	上升

图 8-54 杭州钱江新城灯光秀五线谱（图片来源：作者自绘）

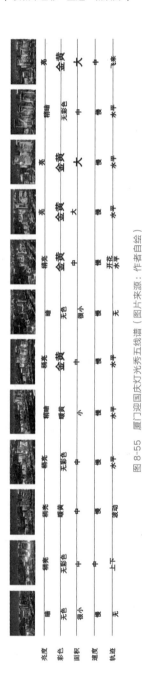

亮度	暗	稍亮	稍亮	稍亮	稍亮	暗	稍暗	稍亮	亮	亮	亮	亮
彩色	无色	无彩色	暖黄	无彩色	金黄	无色	暖黄	金黄	金黄	金黄	无彩色	金黄
面积	很小	中	中	中	中	很小	小	中	大	大	中	大
速度	慢	中	慢	慢	慢	慢	慢	慢	慢	慢	慢	中
轨迹	无	上下	波动	水平	水平	无	水平	开花 水平	水平	水平	水平	飞来

图 8-55　厦门迎国庆灯秀五线谱（图片来源：作者自绘）

亮度	暗	亮	亮	亮	稍亮	亮	亮	亮	亮	亮
彩色	无色	暖	暖	暖	冷	冷	冷彩	暖	无彩色	暖彩
面积	很小	大	大	大	中	大	大	大	大	大
速度	快	快	中	快	快	快	快	锯侧	快	快
轨迹	无	放射	出现	上升	闪烁 水平	水平	上升	上升	透视	上升 烟花

图 8-56　青岛上合峰会灯光秀五线谱（图片来源：作者自绘）

术实现已不是问题，播放的动态内容是否具有艺术水准成为关键。

如图 8-54 所示，与优秀的动态内容相比，此灯光秀缺少变化。亮度几乎都在亮的范围，特别是大亮之后接着稍亮，又转为大亮。没有暗的衬托，亮也变得单调。彩色的运用没有冷暖的对比，单帧图像色彩倾向不鲜明，显得杂乱。几乎所有的媒体立面都是亮的，面积始终处于大；速度保持慢、稍慢，运动轨迹多数是水平方向。很明显，此动态内容缺少变化，未形成节奏。节奏不清晰，设计目标就不明确，各分要素不能很好地配合。如图 8-54，在大面积亮的、多彩色的国旗那一帧，速度可以暂停，让人观赏微微飘动的旗帜；但它的前后帧就应有鲜明的冷暖倾向，速度加快，轨迹多变。现状的前后两帧都是不甚典型的冷调，速度慢，轨迹简单，没有起到烘托高潮的作用。图中另外两处有机会塑造高潮的图像，也只是亮度、面积达到最大，而彩色的冷暖、速度的快慢对比，轨迹的多样组合都没有配合到位，最终导致高潮不高，很难吸引人长时间观看。还有，图像与建筑立面结构框架结合不好。有些图像过大，被建筑群不连续的媒体立面打碎了，降低了感染力。

【案例 108】厦门迎国庆灯光秀，色彩力小的单调

厦门迎国庆灯光秀具有清晰的金黄色调，亮度处于中等水平，面积也是中等大小，塑造了安静、优雅的主题。但是，在色彩力小的水平上，此灯光秀仍是单调的（图 8-55）。亮度相差不大，彩色除无彩色外，几乎只有暖黄色。面积的变化节奏也不明显。虽然是暖黄色调主导，但仍可以冷色调衬托，冷暖对比是用彩色塑造高潮必不可少的手段。运动的速度、轨迹也应与其他分要素配合，共同形成节奏。而此灯光秀的速度一直是中、慢的，以水平运动为主，不免给人乏味之感。

【案例 109】青岛上合峰会灯光秀，色彩力大的单调

与上述厦门的灯光秀不同，青岛上合峰会期间的灯光秀色彩力很大，塑造出热烈、好客的城市性格。但是，和优秀的动态内容相比，它仍是单调的。如图 8-56，各分要素的变化不多，配合也不好，使得节奏不鲜明。前后相邻的多帧图像都是亮、暖色、大面积、中等速度、水平运动的。好似这些媒体建筑群发出了响亮的声音，但这声音一直响下去，没有强弱变化，最终很难形成优美的乐曲。

无论是色彩力小的"C 调"，还是色彩力大的"A 调"，节奏、变化都是具有审美价值的动态内容必不可少的因素。组织好五个分要素——亮度、彩色、面积、速度、轨迹，使之有规律地变化，并巧妙配合，就能恰当表达主题，获得艺术水准高的动态内容。

8.4 展望

城市舞台上每天都上演着戏剧，人们通过积极地参与这些戏剧，使其具有"最高程度的思想上的光辉，明确的目标和爱的色彩"[①]。城市色彩，特别是夜城市色彩正是人们把艺术和思想应用到城市的视觉表现。当前，LED 解决了节能问题，媒体建筑又极大地拓展了夜城市色彩的疆域。互动的夜色彩使城市与人同呼吸；精心规划、设计的夜色彩，更促进了人们"感情上的交流，理性上的传递和技术上的精通熟练"。未来，技术实现越来越容易，高水准的艺术审美将决定激动人心表演的产生。它们塑造着城市的另一种精神气质，实现一城双面。

---

① （美）刘易斯·芒福德.城市发展史——起源、演变和前景 [M].宋俊岭，倪文彦译.北京：中国建筑工业出版社，2004：586

参考文献

[1] 高天雄. 色彩教学 [M]. 北京：人民美术出版社，2007

[2]（日）面出薰 LPA. LPA1990-2015 建筑照明设计潮流 [M]. 程天汇，张晨露，赵姝译. 南京：江苏凤凰科学技术出版社，2017

[3] 李泽厚. 美的历程 [M]. 南京：江苏文艺出版社，2010

[4] 王京红. 城市色彩：表述城市精神 [M]. 北京：中国建筑工业出版社，2014

[5] 熊月之. 照明与文化：从油灯、蜡烛到电灯 [M]. 社会科学，2003 年第 3 期

[6] 钱歌川. 蜡烛. 载《名物采访》. 上海社会科学院出版社，1995

[7] 朱自清. 朱自清散文精选 [M]. 北京：人民文学出版社，2008

[8] 诸宗元. 中国书画浅说 [M]. 北京：中华书局，2010

[9]（瑞士）彼得·卒姆托. 建筑氛围 [M]. 张宇译. 北京：中国建筑工业出版社，2010

[10] 中国社会科学院语言研究所词典编辑室. 现代汉语词典（第 6 版）[M]. 北京：商务印书馆，2012

[11] 霍恩比. 牛津高阶英汉双解词典：第四版 [M]. 李北达译. 北京：商务印书馆，1997

[12]（美）迈克尔·普鸣，克里斯蒂娜·格罗斯—洛. 哈佛中国哲学课 [M]. 胡洋译. 北京：中信出版社，2017

[13]（日）芦原义信. 街道的美学 [M]. 尹培桐译. 天津：百花文艺出版社，2006

[14] 王宇钢. 舞台灯光设计 [M]. 北京：中国经济出版社，2006

[15] 株式会社 X-knowledge. 照明设计终极指南 [M]. 马卫星译. 武汉：华中科技大学出版社，2015

[16] 艺来艺往. 灯光艺术的先驱—丹·弗莱文. 2016-2-2

[17] 艺来艺往. 璀璨的霓虹灯—基斯·索尼尔. 2016-8-6

[18] 元色设计. 【微视界·建筑色彩本质】玻璃·光·建筑的幻彩. 2014-12-26

[19] 中国当代艺术. 灯光艺术—英国最大的灯光节融入伦敦夜景. 2016-1-19

[20] 中国公共艺术网. 美丽别致的吸光针织展览馆. 2016-3-9

[21] 中国公共艺术网. 灯光森林. 2016-9-18

[22] 徐明. 舞台灯光设计 [M]. 上海：上海人民美术出版社，2009

[23] 自习画谱大全（三）[M]. 北京：荣宝斋，1982

[24] Linmu. 中国公共艺术网. 完全采用灯光、重建教堂. 4 月 18 日

[25] 北京照明学会照明设计专业委员会. 照明设计手册 [M]. 北京：中国电力出版社，2016

[26] 李农. 光改变城市：照明规划设计的探索与实践 [M]. 北京：科学出版社，2010

[27] 冯友兰. 中国哲学简史 [M]. 赵复三译. 天津：天津社会科学院出版社，2005

[28] 彭一刚. 中国古典园林分析 [M]. 北京：中国建筑工业出版社，1986

[29] （荷）克雷斯塔·范山顿. 城市光环境设计 [M]. 章梅译，李铁楠校. 北京：中国建筑工业出版社，2007

[30] 周太明等. 照明设计：从传统光源到 LED[M]. 上海：复旦大学出版社，2015

[31] Illuminating Engineering Society. The Lighting Handbook, Tenth Edition. Illuminating Engineering Society of North America, 2011

[32] （美）刘易斯·芒福德. 城市发展史——起源、演变和前景 [M].

宋俊岭，倪文彦译．北京：中国建筑工业出版社，2004

[33] 周文钦．舞台艺术摄影技巧漫谈 [M]．成都：四川美术出版社，2012

[34] LIGHT UP 编辑发布．干货｜爆发式的媒体立面背后的故事．2018-08-29 21:00

[35] 常志刚．媒体建筑发展的线索 [J]．美术研究．2015

[36] 林怡，郝洛西．基于 LED 照明技术的媒体立面设计 [J]．照明工程学报，2010

[37] 张健．作为城市新兴景观的媒体建筑解析 [J]．中国建筑装饰装修，2013

后　记

　　这本书花了将近三年的时间学习、研究、写作，终于完成了。三年的光阴浸满了变化，书中记录着每一个当下。在永恒的变化中，总有那么一些东西闪烁着持久的光辉，引领着、陪伴着、帮助着我前行。这些光辉来自他们的大爱。他们是本书最该感谢的人。可以说，没有他们就没有这本书。

　　感谢我尊敬的导师张宝玮先生。感谢刘永升、晨曦。感谢何庆忠先生，感谢北京中天九阳建筑照明工程有限公司。感谢孙若端老师为本书第一章写作提供的支持。感谢常志刚老师、李铁楠老师为本书做序。感谢编辑吴佳老师，感谢书籍设计朱若晗，感谢蔡荣都先生、崔佳艺、顾威、李衍宇、李嘉豪提供照片和图片的支持。感谢所有引用的网上图片的作者。感谢曹传双先生和云知光。

　　应该感谢的人太多，归根结底要感谢生命的赐予。